第一推动丛书: 宇宙系列
The Cosmos Series

霍金讲演录

Black Holes and Baby Universe and Other Essays

[英] 史蒂芬·霍金 著　杜欣欣 吴忠超 译
Stephen Hawking

湖南科学技术出版社

THE
FIRST
MOVER

总序

《第一推动丛书》编委会

科学，特别是自然科学，最重要的目标之一，就是追寻科学本身的原动力，或曰追寻其第一推动。同时，科学的这种追求精神本身，又成为社会发展和人类进步的一种最基本的推动。

科学总是寻求发现和了解客观世界的新现象，研究和掌握新规律，总是在不懈地追求真理。科学是认真的、严谨的、实事求是的，同时，科学又是创造的。科学的最基本态度之一就是疑问，科学的最基本精神之一就是批判。

的确，科学活动，特别是自然科学活动，比起其他的人类活动来，其最基本特征就是不断进步。哪怕在其他方面倒退的时候，科学却总是进步着，即使是缓慢而艰难的进步。这表明，自然科学活动中包含着人类的最进步因素。

正是在这个意义上，科学堪称为人类进步的“第一推动”。

科学教育，特别是自然科学的教育，是提高人们素质的重要因素，是现代教育的一个核心。科学教育不仅使人获得生活和工作所需的知识和技能，更重要的是使人获得科学思想、科学精神、科学态度以及科学方法的熏陶和培养，使人获得非生物本能的智慧，获得非与生俱来的灵魂。可以这样说，没有科学的“教育”，只是培养信仰，而不是教育。没有受过科学教育的人，只能称为受过训练，而非受过教育。

正是在这个意义上，科学堪称为使人进化为现代人的“第一推动”。

近百年来，无数仁人志士意识到，强国富民再造中国离不开科学技术，他们为摆脱愚昧与无知做了艰苦卓绝的奋斗。中国的科学先贤们代代相传，不遗余力地为中国的进步献身于科学启蒙运动，以图完成国人的强国梦。然而可以说，这个目标远未达到。今日的中国需要新的科学启蒙，需要现代科学教育。只有全社会的人具备较高的科学素质，以科学的精神和思想、科学的态度和方法作为探讨和解决各类问题的共同基础和出发点，社会才能更好地向前发展和进步。因此，中国的进步离不开科学，是毋庸置疑的。

正是在这个意义上，似乎可以说，科学已被公认是中国进步所必不可少的推动。

然而，这并不意味着，科学的精神也同样地被公认和接受。虽然，科学已渗透到社会的各个领域和层面，科学的价值和地位也更高了，但是，毋庸讳言，在一定的范围内或某些特定时候，人们只是承认“科学是有用的”，只停留在对科学所带来的结果的接受和承认，而不是对科学的原动力——科学的精神的接受和承认。此种现象的存在也是不能忽视的。

科学的精神之一，是它自身就是自身的“第一推动”。也就是说，科学活动在原则上不隶属于服务于神学，不隶属于服务于儒学，科学活动在原则上也不隶属于服务于任何哲学。科学是超越宗教差别的，超越民族差别的，超越党派差别的，超越文化和地域差别的，科学是普适的、独立的，它自身就是自身的主宰。

湖南科学技术出版社精选了一批关于科学思想和科学精神的世界名著，请有关学者译成中文出版，其目的就是为了传播科学精神和科学思想，特别是自然科学的精神和思想，从而起到倡导科学精神，推动科技发展，对全民进行新的科学启蒙和科学教育的作用，为中国的进步做一点推动。丛书定名为“第一推动”，当然并非说其中每一册都是第一推动，但是可以肯定，蕴含在每一册中的科学的内容、观点、思想和精神，都会使你或多或少地更接近第一推动，或多或少地发现自身如何成为自身的主宰。

再版序
一个坠落苹果的两面：极端智慧与极致想象

龚曙光

2017年9月8日凌晨于抱朴庐

连我们自己也很惊讶，《第一推动丛书》已经出了25年。

或许，因为全神贯注于每一本书的编辑和出版细节，反倒忽视了这套丛书的出版历程，忽视了自己头上的黑发渐染霜雪，忽视了团队编辑的老退新替，忽视好些早年的读者，已经成长为多个领域的栋梁。

对于一套丛书的出版而言，25年的确是一段不短的历程；对于科学研究的进程而言，四分之一个世纪更是一部跨越式的历史。古人"洞中方七日，世上已千秋"的时间感，用来形容人类科学探求的速律，倒也恰当和准确。回头看看我们逐年出版的这些科普著作，许多当年的假设已经被证实，也有一些结论被证伪；许多当年的理论已经被孵化，也有一些发明被淘汰……

无论这些著作阐释的学科和学说，属于以上所说的哪种状况，都本质地呈现了科学探索的旨趣与真相：科学永远是一个求真的过程，所谓的真理，都只是这一过程中的阶段性成果。论证被想象讪笑，结论被假设挑衅，人类以其最优越的物种秉赋——智慧，让锐利无比的理性之刃，和绚烂无比的想象之花相克相生，相否相成。在形形色色的生活中，似乎没有哪一个领域如同科学探索一样，既是一次次伟大的理性历险，又是一次次极致的感性审美。科学家们穷其毕生所奉献的，不仅仅是我们无法发现的科学结论，还是我们无法展开的绚丽想象。在我们难以感知的极小与极大世界中，没有他们记历这些伟大历险和极致审美的科普著作，我们不但永远无法洞悉我们赖以生存世界的各种奥秘，无法领略我们难以抵达世界的各种美丽，更无法认知人类在找到真理和遭遇美景时的心路历程。在这个意义上，科普是人类极端智慧和极致审美的结晶，是物种独有的精神文本，是人类任何其他创造——神学、哲学、文学和艺术无法替代的文明载体。

在神学家给出“我是谁”的结论后，整个人类，不仅仅是科学家，包括庸常生活中的我们，都企图突破宗教教义的铁窗，自由探求世界的本质。于是，时间、物质和本源，成为了人类共同的终极探寻之地，成为了人类突破慵懒、挣脱琐碎、拒绝因袭的历险之旅。这一旅程中，引领着我们艰难而快乐前行的，是那一代又一代最伟大的科学家。他们是极端的智者和极致的幻想家，是真理的先知和审美的天使。

我曾有幸采访《时间简史》的作者史蒂芬·霍金，他痛苦地斜躺在轮椅上，用特制的语音器和我交谈。聆听着由他按击出的极其单调的金属般的音符，我确信，那个只留下萎缩的躯干和游丝一般生命气息的智者就是先知，就是上帝遣派给人类的孤独使者。倘若不是亲眼所见，你根本无法相信，那些深奥到极致而又浅白到极致，简练到极致而又美丽到极致的天书，竟是他蜷缩在轮椅上，用唯一能够动弹的手指，一个语音一个语音按击出来的。如果不是为了引导人类，你想象不出他人生此行还能有其他的目的。

无怪《时间简史》如此畅销！自出版始，每年都在中文图书的畅销榜上。其实何止《时间简史》，霍金的其他著作，《第一推动丛书》所遴选的其他作者著作，25年来都在热销。据此我们相信，这些著作不仅属于某一代人，甚至不仅属于20世纪。只要人类仍在为时间、物质乃至本源的命题所困扰，只要人类仍在为求真与审美的本能所驱动，丛书中的著作，便是永不过时的启蒙读本，永不熄灭的引领之光。

虽然著作中的某些假说会被否定，某些理论会被超越，但科学家们探求真理的精神，思考宇宙的智慧，感悟时空的审美，必将与日月同辉，成为人类进化中永不腐朽的历史界碑。

因而在25年这一时间节点上，我们合集再版这套丛书，便不只是为了纪念出版行为本身，更多的则是为了彰显这些著作的不朽，为了向新的时代和新的读者告白：21世纪不仅需要科学的功利，而且需要科学的审美。

当然，我们深知，并非所有的发现都为人类带来福祉，并非所有的创造都为世界带来安宁。在科学仍在为政治集团和经济集团所利用,甚至垄断的时代，初衷与结果悖反、无辜与有罪并存的科学公案屡见不鲜。对于科学可能带来的负能量，只能由了解科技的公民用群体的意愿抑制和抵消：选择推进人类进化的科学方向，选择造福人类生存的科学发现，是每个现代公民对自己，也是对物种应当肩负的一份责任、应该表达的一种诉求！在这一理解上，我们将科普阅读不仅视为一种个人爱好，而且视为一种公共使命！

牛顿站在苹果树下，在苹果坠落的那一刹那，他的顿悟一定不只包含了对于地心引力的推断，而且包含了对于苹果与地球、地球与行星、行星与未知宇宙奇妙关系的想象。我相信，那不仅仅是一次枯燥之极的理性推演，而且是一次瑰丽之极的感性审美……

如果说，求真与审美，是这套丛书难以评估的价值，那么，极端的智慧与极致的想象，则是这套丛书无法穷尽的魅力！

出版者前言

马丁·戴维斯　伯克利
2000 年 1 月 2 日

史蒂芬·霍金在他辉煌的畅销书《时间简史》中完全改变了我们有关物理学、宇宙和实在本身的观念。这位被广泛尊崇为自爱因斯坦以来最杰出的理论物理学家，向我们展现了当代有关宇宙的最重要的科学思想。现在史蒂芬·霍金回过身来探讨时空最黑暗的区域……为我们理解宇宙揭示了一系列非同寻常的可能性。

这十三篇文章和1992年圣诞节由英国广播公司播出的访谈节目涉及从自传到纯粹科学的广泛范围。史蒂芬·霍金在他早先研究的基础上，讨论了虚时间，如何由黑洞引起婴儿宇宙的诞生以及科学家寻求完全统一理论的努力。这种理论可以预言宇宙中的一切东西。他相信，这对后人来说，会像地球是球形的一样自然。

在宇宙所展现的伟大的神秘背景下，史蒂芬·霍金还对自由意志、生命价值和死亡有独到的见解。他审视科学理论和科学幻想的融合和分歧，以及科学事实和我们自身生活的交叉面。

史蒂芬·霍金作为科学家、有良心的世界公民、人以及一如既往的严谨而富有想象力的思想家的风度在本卷文集中表露无遗。他因为运动神经细胞病也就是卢伽雷病而严重残废，这种疾病只能影响却不能限制他智力的活动：他利用特别的计算机技术把思想翻译成词句，再把词句转换成声音，这使他能写能讲，做学问，教学生，还能和他的同事合作。

史蒂芬·霍金以他特有的语言魅力、幽默、坦诚以及对自傲的厌恶，使我们对他更加了解，并让我们和他共享智力和想象历程中的激情，正是这种激情导致理解宇宙性质的崭新的方式。

译者序

杜欣欣　吴忠超
1994 年 4 月 25 日
罗德岱堡　佛罗里达州

这是一本有关宇宙和它的一位探索者的书。这位探索者不是别人，正是作者本人，剑桥大学的史蒂芬·霍金。他惊天动地的学说彻底地改变了人类的宇宙观。

宇宙的演化孕育出生命、思维和智慧，宇宙之于生命，犹如母亲之于婴儿。只要我们生活得稍微抽象一些，暂且忘却一下世界的无聊，就能从宇宙这本大书中读到真善美。

现代科学中最有魅力的分支是宇宙学和思维学。其根本原因是这两门科学注定要挣脱沿袭几千年的主客体分离的分析综合方法的桎梏。

宇宙是包容一切的，在它之外不存在任何东西，甚至没有时空。霍金的无边界宇宙模型是有史以来的第一个自足的宇宙模型。在这个框架中量子力学的哥本哈根的波函数坍缩理论必须加以扬弃，因为不存在宇宙之外的智慧生物。这个理论的哲学和宗教的含义是非常深远的。

哈勃红移定律表明，我们的宇宙是从发生在大约150亿年前的大爆炸膨胀而来的，而宇宙微波背景辐射正是大爆炸的残余。近年的宇宙背景探索者的探测结果显示，宇宙是极其各向同性的，其相关温度的相对起伏小于十万分之一，正是这些宝贵的起伏赋予宇宙以结构和生命。

宇宙学和黑洞是霍金的两个主要研究领域。霍金在经典物理的框架中证明了广义相对论的奇性定理和黑洞面积定理，在量子物理的框架中发现了黑洞蒸发现象并提出无边界的霍金宇宙模型。黑洞和宇宙有许多对偶之处。例如黑洞无毛定理对应于宇宙暴胀相的无毛定理，黑洞蒸发对应于宇宙的粒子生成，黑洞和暴胀相宇宙各具视界和辐射温度，等等。现在霍金提出，黑洞蒸发在某种意义上可以看成粒子通过所谓的婴儿宇宙穿透到其他宇宙或同一宇宙的其他区域，这样就把他的两个研究领域统一起来。婴儿宇宙研究的主要成果是证明了宇宙常数必须为零，尽管当代物理学家的抱负远不止此。

宇宙学是新思想的摇篮，我们可望所有物理定律都会在此得到超越或升华。

思维学和宇宙学有某些相似之处。人们不能用思维学以外的手段来研究思维。亚里士多德无疑是古代最伟大的思维学家，近代罗素的理发师佯谬和哥德尔关于公理系统非完备性的定理是两个重要的成果。但是这个学科离成熟还非常远，人们还要等待多久才能在思维学中得到和宇宙学类似的自足体系呢？

这本书是《时间简史》的姐妹篇。因为体裁所限有些重复是难免的，但也正是在这里可以看出作者的功力，例如他至少用四种方式来解释黑洞蒸发现象。我们从本书不但可以鉴赏到作者的智慧，而且可以汲取他不屈不挠和乐观主义的进取精神。

译者之一曾经参加1980年霍金的卢卡斯教席就职典礼，霍金的讲演即收入本书第7章。由于中西方人文背景的差异，译者加了一些简略的注释。我们共花了3个月把本书译完。以上感想即作为中译本的序。

序言

史蒂芬·霍金

1993年3月31日

这一卷书是我在1976年至1992年间所写文章的结集。这些文章范围广泛，其中包括简略自传、科学哲学以及对科学和宇宙中我觉得激动人心的东西的阐释。卷末收入我参与的《荒岛唱片》访谈节目的抄本。这是英国特殊的传统之一，要求客人想象被抛弃到一座荒岛上，他或她可以选择八张唱片以供在被拯救之前消磨时光。幸运的是，我不必等待太久即可以返回到文明中来。

因为这些文章的写作跨越了16年，它们反映了我当时的知识状况，我希望我的知识在这些年里与日俱增，因此我注明了每篇文章的写作日期和场合。由于每篇文章都是自足的，所以某种程度的重复是不可避免的。我已试图减少这种情况，但仍然残留一些。

本卷的许多文章是发言稿。以前我的声音十分模糊，做讲演和学术报告不得不通过另一个人，通常是我的一名能理解我的研究生，由他宣读我的讲稿。然而，1985年我动了一次手术后，完全丧失了讲话能力。我在一段时间内没有任何交流手段。后来，人们为我安装了一个计算机系统和高质量的语言合成器。使我惊讶的是，我发现自己成为一位成功的公众演讲家，对很多听众讲演。我喜欢解释科学和回答问题。我知道还有许多改善的余地，但我希望正在改善的过程中。只要读这本书，你就能判断我是否在改善。

我不同意这样的观点，说宇宙是神秘的，它是某种人们可有直觉却永远不能完全分析和理解的东西。我觉得，这种观点没有正确认识近400年前由伽利略创始而由牛顿发扬光大的科学革命。他们指出，至少宇宙中的某些领域不是为所欲为的，它们被精确的数学法则所制约。之后的岁月里，我们已经把伽利略和牛顿的业绩推广到宇宙中几乎每个领域。我们现在拥有了制约我们日常经验的任何事物的数学法则。我们成功的标志之一便是，我们现在必须耗费几十亿美元建造庞大的机器，用于把粒子加速到很高的能量，高到我们尚未知道这种粒子碰撞时会发生什么。在地球上正常情况下不会出现这样高的粒子能量，所以花费大量金钱去研究它们似乎显得有些学究气和不必要。但是，它们会发生在早期宇宙中，所以要理解我们和宇宙如何开始，就必须认识在这些能量下会发生什么。

我们对于宇宙还有大量无知或不解之处。但是我们过去尤其是100年内所取得的显著的进步，足以使人相信，我们有能力完全理解宇宙。我们不会永远在黑暗中摸索。我们会在宇宙的完备理论上取得突破。那样，我们就真正成为宇宙的主宰。

本卷中的科学文章是基于这样的信念，即宇宙由秩序所制约，我们现在能部分地，而且在不太远的将来能完全地理解这种秩序。也许这种希望只不过是海市蜃楼；也许根本就没有终极理论，而且即便有我们也找不到。但是努力寻求完整的理解总比对人类精神的绝望要好得多。

目录

第1章
童　年[1]

我出生于1942年1月8日，这一天刚好是伽利略的300年忌日。然而，我估计大约有20万个婴儿也在同日诞生，我不知道他们中是否有人在长大后对天文学感兴趣。尽管我的父母当时住在伦敦，但我却是在牛津出生的。这是由于第二次世界大战之时，德国作为对英国不轰炸海德堡和哥廷根的回报，承诺不轰炸牛津和剑桥，所以当时牛津是个安全的出生地。可惜的是，英德两国这类文明的协议却不能惠及更多的城市。

我父亲是约克郡人。他的祖父，也就是我的曾祖父，曾是一个富裕的农民。他曾买下太多的农场，在本世纪初农业大萧条时破产了。这次破产使我祖父母一蹶不振，但是他们仍然节衣缩食送我父亲念了牛津的医学院。之后，我父亲从事热带病研究。1937年他去了东非。第二次世界大战爆发时，他横贯非洲大陆才得以搭船回到英国，并自愿入伍了。但人们告诉他，做医学研究会更有价值。

我母亲生于苏格兰的格拉斯哥，是一位家庭医生的7个孩子中的

1. 这篇和下一篇文章是基于1987年9月在苏黎世国际运动神经细胞病学学会的发言，并合并了1991年8月写的材料。

老二。在我母亲12岁那年，他们举家迁往南方的德汶。像我父亲的家一样，她的家也从未大富大贵过。尽管如此，他们还是设法送她念了牛津大学。牛津大学毕业后，我母亲从事过各种各样的职业，包括她讨厌的查税员工作。后来她辞职做了秘书。这样她和我父亲在第二次世界大战初期相识了。

我们家住在伦敦以北的海格特。我的妹妹玛丽比我晚出生18个月。后来大人告诉我说，当时我不欢迎她的来临。由于我们之间年龄相差太少，所以我们在整个童年期间关系都有一点紧张。然而，在我们成年之后，由于各奔前程，相互之间的不愉快就化为乌有。她成了一名医生，这很讨我父亲欢心。我的更小的妹妹菲利珀出生时，我已快满5周岁，并且知道发生了什么事情。我还能记得，我盼望她的到来，这样我们三个人好在一道玩游戏。她是一个非常深沉颖悟的小孩。我总是尊重她的判断和意见。我的弟弟爱德华来得很晚，那时我已14岁了，所以他几乎根本没有进入过我的童年。他和其他三个小孩非常不同，成为完全非学术和非知识型的了。这对我们也许是件好事。他是个相当淘气的孩子，但是你不能不喜欢他。

我最早的记忆是站在海格特的拜伦宫的托儿所里号啕大哭。我周围的小孩都在玩似乎非常美妙的玩具。我想参加进去，但是我才2岁半，这是我第一回被放到不认识的人群当中去。我是父母的第一个小孩，我父母遵循育婴手册的说法，小孩在2岁时必须开始社交。所以我想我的反应一定使他们十分惊讶。度过这么糟糕的上午后，他们即把我带走，1年半之内再也没有把我送回拜伦宫。

那时，在第二次世界大战期间和结束不久，海格特是许多科学家和学术界人士的住处。他们如果在其他国家就会被称作知识分子，但是英国从未承认有过任何知识分子。所有这些父母都把孩子送到拜伦宫学校，当时这是一所非常先进的学校。我记得自己曾向父母亲抱怨过，说他们没有教我任何东西。他们不相信当时接受的填鸭式教学法，他们要你在不知不觉中学会阅读。最终我是学会了阅读，但那是8岁相当晚的年龄了。我的妹妹菲利珀是用更传统的方法学习阅读的，4岁就会了。那时候，她一定比我能干。

我们住在一幢又高又窄的维多利亚式的房子里。这是我父母亲在战时以非常廉价买下的，那时所有人都认为伦敦会被炸平。事实上，一枚V-2火箭落在离我们几幢房子远的地方。当时我和母亲以及妹妹都不在，而我的父亲在房子里。幸运的是，他没有受伤，房子也未受重创。有好几年的时间路上一直遗留一个大弹坑，我经常和我的朋友霍佛在里面玩，他家在另一方向，和我家隔三个门。霍佛无疑为我揭开了一个新天地，因为他的父母不是知识分子，不像我所认识的其他小孩的父母那样。他上公立学校，而不是拜伦宫，他通晓足球和拳击，这些都是我父母坚决禁止的运动。

另一个童年的回忆是得到我的第一列玩具火车。战时不制造玩具，至少不对国内市场。但是，我对模型火车极其着迷。我父亲为我做了一列木头火车，这并不使我满足，因为我想要一列会开动的。所以我父亲搞到一列二手的带发条的火车，焊好后给我作为圣诞礼物，那时我快满3岁了。那火车不能很好行驶。战事刚结束我父亲就去了美国，在乘“玛丽皇后”的归途中，他为我母亲买了一些尼龙，当时在英国得不到尼龙。他给我妹妹玛丽买回一个玩具娃娃，这个玩具娃娃一躺下就把眼睛闭上。他为我买了一列美国火车，还带有排障器和8字形的轨道。我还能记得自己在打开盒子时的兴奋。

发条火车似乎是尽善尽美了，但是我真正想要的是电动火车。我经常花好几个钟头观看海格特附近克劳奇巷尾的模型铁路俱乐部展览。电动火车是我梦寐以求的东西。最后，当我父母亲都不在家的时候，我把存在邮局银行的非常有限的钱全部取出，这是大家在特殊场合譬如我受洗礼时给我的。我用这些钱买了一列电动火车，但使人沮丧的是，它运行得不怎么好。今天我们知道了顾客的权益，我应该把它送回，要求商店或者厂家换一列。但是在那个时候，人们以为买东西便是一种特权，如果商品有毛病的话，就只能怪你运气欠佳。这样我花钱修理引擎的电动马达，它却从未正常工作过。

后来，在我十几岁时，我制作了模型飞机和轮船。我的手工从来就不灵巧，这是和我的学友约翰·马克连纳汉合作的。他比我能干得多；而且他父亲在家里有一个车间。我的目标总是建造我能控制的可以开动的模型。我不在乎其外观如何。我想正是同样的冲动驱使我和另外一位学友罗杰·费尼霍弗去发明一系列非常复杂的游戏。有一种制作游戏，还包括制造不同颜色零件的工厂，运载产品的公路铁路以及股票市场。有一种战争游戏是在有4000个方格的纸板上玩的。甚至还有一种封建游戏，每一个参与者都是一个带有家谱的皇朝。我想这些游戏以及火车、轮船和飞机都来自我对探究事物和控制它们的渴望。从我开始攻读博士之后，这种渴求才在宇宙学研究中得到满足。如果你理解宇宙如何运行，你就有些控制它了。

1950年我父亲工作的地点从海格特附近的汉姆斯达德迁到伦敦北界的碾坊山新建的国立药物研究所。看来迁到伦敦郊区再通勤到城里比从海格特向外面通勤更方便些。我父母亲因此在教堂城圣阿尔班斯购买了一幢房子，大约在碾坊山以北10英里（1英里=1.61千米）以及伦敦以北20英里的地方。这是一幢颇为典雅颇具特色的巨大的维多利亚时代的房子。我父母买房子时手头并不富裕，所以在我们迁进去之前要做许多修缮。此后我的父亲如同他的约克郡老乡一样，再也不愿花钱作任何修缮。他自己尽量地维护并油漆房子，但是房子太大而且他又不擅此道。然而，房子建得很牢固，所以能经受得了多年失修。1985年父亲病得很重时（他死于1986年），我父母把它卖掉了。我最近还看到它。似乎从那时以后就没有整修过，但是看起来却没有什么改变。

这幢房子是为带仆人的家庭设计的。在食物室里有一块指示板，上面可以显示哪个房间在按铃。我们当然雇不起佣人，我的第一个卧室是L形状的小屋，大概以前是女佣的房间。我的表姐萨拉建议我要这个房间，她比我稍大些，我非常崇拜她。她说我们在那里会很开心。这间房子的一个吸引人之处是，可以从窗户爬到外面的自行车车库的房顶上，然后下到地面上来。

萨拉是我母亲的姐姐詹尼特的女儿。姨妈是医生，她和一个心理分析家结了婚。他们住在哈本顿的一幢相似的房子里，那是再往北五英里的一个村庄。他们是我们搬到圣阿尔班斯的一个原因。使我得以接近萨拉真是个大奖赏。我时常乘公共汽车去哈本顿。圣阿尔班斯本身紧邻罗马古城委鲁拉明遗址，那是除了伦敦以外的罗马人在英国的最重要驻地。中世纪时这儿有英国最富有的寺院。这个城市是围绕着圣阿尔班斯的陵墓建筑起来的，他是一名罗马军官，据说是第一个在英国因信仰耶稣而被处死的人。寺院残留下的只是非常大且相当丑陋的教堂以及老寺院正门的建筑物，后者成为圣阿尔班斯学校的一部分，我后来就在这里上学。

圣阿尔班斯和海格特或哈本顿相比较是有点枯燥而保守的地方。我父母在这里几乎没有朋友。这应该部分怪他们自己，因为他们尤其是我父亲天性孤僻。但是这也反映了这儿的居民是不同的，我的圣阿尔班斯同学的父母中几乎没有一个称得上知识分子。

我们家在海格特显得相当正常，而在圣阿尔班斯一定被认为是怪异的。这种看法因为我父亲的行为而得到加强，他只要能省钱就根本不在乎外表。在他年幼时家境曾经非常穷困，这给他留下终身的印象。他不能忍受为了自身的舒服而花钱，甚至直到晚年他有能力这么做时也是如此。他拒绝安装中心取暖系统，尽管他觉得非常冷。他宁愿在他通常衣服之外再罩上几件毛衣和一件睡衣，但是他对别人却非常慷慨。

在20世纪50年代他觉得买不起新车，所以就购买了一辆战前的伦敦的出租车，他和我用波纹金属板建成一座车房。邻居被激怒了，但是他们无法阻止我们。我和多数孩子一样需要群体活动，但是我为父母感到难为情，而他们却从未为此担心过。

我第一次到圣阿尔班斯时，被送到女子高级学校去，这个学校也收10岁以下的男孩。我在那里上了一学期之后，我父亲又要进行几乎一年一度的非洲走访，这一回需要大约4个月的相当长的时间。我母亲不想被留下这么长时间，这样她就带着我的两个妹妹和我去看望她的学友贝瑞尔，贝瑞尔是诗人罗伯特·格雷夫斯的妻子。他们住在西班牙马约嘉岛的一个叫德雅韵村庄上。这是战后才5年的事，曾与希特勒和墨索里尼同盟的西班牙的独裁者佛朗西斯科·佛朗哥尚在台上。（事实上，之后他仍掌权20多年。）尽管如此，曾在战前参加过共产主义青年团的我的母亲，携带着这三个子女乘轮船火车抵达马约嘉。我们在德雅韵租了一幢房子，度过了快乐的时光。我和罗伯特的儿子威廉共有一位导师。这位导师是罗伯特的门徒，他对为爱丁堡戏剧节写剧本比对教导我们更感兴趣。所以他每天布置我们阅读一章《圣经》并写一篇作文。他的想法是教我们英国语言的美。在我离开之前我们学完了全部《创世记》和部分《出埃及记》。我从这儿学到的主要东西便是造句时不用“还有”起头。我指出在《圣经》中多数文章都是以“还有”起头的，但是我被告知英文从詹姆士王之后即改变了。我争辩道，如果情形如此，为何强迫我们念《圣经》？但这一切都是徒劳的。那时候罗伯特·格雷夫斯十分沉迷于《圣经》的象征主义和神秘主义。

当我们从马约嘉回来后，我又在另一所学校上了1年，然后我参加了所谓的十一加考试。这是那时一种对所有要进国立学校的孩子进行的智力测验。主要是因为一些中产阶级的孩子通不过并被送进非学术性的学校，所以现在这种测验已被取消。但是我的表现在测验中比在课程中要优异得多，所以就通过了十一加考试，允许在当时的圣阿尔班斯学校免费就读。

我13岁时父亲要我去考西敏学校，这是一所主要的付费住校的——也就是私立学校。那时候的教育很讲究门第。父亲觉得，由于他没有权势，使得许多能力不如而门第更高的人爬到他前面去了。因为我父母不甚富裕，所以我必须获得奖学金。然而，由于我在奖学金考试时生病，所以未能参加。我只好留在圣阿尔班斯学校。我在那里受到的教育至少和西敏学校一样好。我从未觉得自己的出身的平凡成为人生的障碍。

那时的英国教育是等级森严的。学校不但被分成学术的和非学术的，而且学术学校还分成A、B和C等。这对A等的学生非常有利，对B等的学生就不怎么有利，而对不受鼓励的C等学生则非常不利。我因为十一加考得好被分配到A等中。但是1年后班级里第二十名以下的所有学生都被刷到B等去。这对他们的自信心是一个巨大的打击，有些人再也没有恢复过来。我在圣阿尔班斯的前两个学期分别是第二十四名和第二十三名，但是在第三学期变到第十八名。就这样侥幸逃脱。

我在班级里从未名列在前一半过（这是一个非常优秀的班级）。我的作业很不整洁，老师觉得我的书写无可救药。但是同学们给我的绰号是爱因斯坦，可能他们看出某些更好的征兆。当我12岁时，我的两位朋友用一袋糖果打赌，说我永远不可能成才。我不知道这桩赌事是否已经尘埃落定，如果是这样的话，何方取胜呢。

我有六七位好朋友，我和他们中的多数迄今仍有联系。我们通常进行长时间的讨论和争论，主题涵盖一切，从无线电遥控模型到宗教，从灵学到物理学。我们谈论的一件事是关于宇宙的起源以及是否需要上帝去创生它再使它运行。我听说从遥远星系来的光线向光谱红端移动，而且这种现象被认为表示宇宙正在膨胀。（向蓝端的移动被认为是在收缩。）但是我断定红移必定是由其他原因引起的。也许光线在传播到我们的路途中累了并且变得更红了。一个本质上不变的并且永存的宇宙显得更为自然得多。只有在我进行了两年博士研究之后才意识到过去错了。

在我进入学校的最后2年，我才定下数理专业。有一位非常具有启发性的数学老师，我们叫他塔他先生。学校刚建了一间数学之家，被用作数学小组的教室。但是我父亲对此极为反对。他认为数学家除了教书之外找不到工作。他确实希望我从事医学，但是我对生物学毫无兴趣，对我而言这个学科过于叙述性并且不够基础，而且在学校的地位很低。我父亲知道我不愿学生物学，但是他让我学化学和少量数学。他觉得这样可让我将来在学科上再作选择留下余地。我现在是一名数学教授，但自从我17岁离开圣阿尔班斯学校之后再也没有正式上过数学课。在数学方面我必须做到需要什么就吸收什么。我曾经在剑桥指导过本科生，只要在进度上比他们提前一个礼拜即可以了。

我父亲从事热带病的研究。他有时带我上他在碾坊山的实验室。我很喜欢这个，尤其是通过显微镜做观察。他还带我去昆虫馆，他养一些染上热带病的蚊子。因为我总觉得有一些蚊子到处乱飞，所以很担心。他非常勤奋并且专心致志于研究。因为他觉得其他有背景和关系但不如他的人爬到他上头去，所以有些怨恨。他经常警告我要提防这种人。但是我认为物理学和医学略有不同。你上哪个学校以及和谁有关系是无所谓的。关键在于你的成果。

我总是对事物的如何运行深感兴趣，经常把东西拆开以穷根究底，但在再把它们恢复组装回去时束手无策。我的实际能力从来跟不上我的理论探讨。我的父亲鼓励我在科学上的兴趣，甚至在他的知识范围内在数学上训练我。有这样的背景再加上父亲的工作，我要进入科学研究就是水到渠成的事。在我幼年时我对所有学科都一视同仁。十三四岁后我知道自己要在物理学方面作研究，因为这是最基础的科学，尽管我知道中学物理太容易太浅显所以最枯燥。化学就好玩得多了，不断发生许多意料之外的事，如爆炸等。但是物理学和天文学有望解决我们从何处来和为何在这里的问题。我想探索宇宙的底蕴。也许我在一个小的程度上获得了成功，但是还有大量问题有待研究。

第 2 章
牛津和剑桥

我父亲非常希望我能进牛津或剑桥。他本人上过牛津的大学学院，所以他认为我应该申请这个学院，这样我被接受的机会更大些。那时大学学院没有数学的研究员，这是他要我学习化学的另一个原因：我可以尝试获得自然科学而非数学方面的奖学金。

我的家人去了印度一年，但是我必须留下准备A水平和大学入学的考试。我的校长认为我去投考牛津太过年轻，但是在1959年3月我还是和学校中另外两个比我高一届的男孩参加了奖学金考试。大学监考讲师在实验考试时和其他人讲话而不理我，我相信我考得很糟，所以非常沮丧，在从牛津回家后几天，我收到了一封电报，说我得到了奖学金。

我那时17岁，同年级同学中的大多数都服过役，所以比我大许多。在大学第一年以及第二年的部分时间里我觉得相当孤单。只有到了第三年我才真正感到快乐。当时笼罩牛津的气氛是极端厌学。你要么聪明而不必用功，要么就甘心承认自己不行，得四等成绩。靠用功而得到好分数被认为是灰人，那是牛津词汇中最坏的诨名。

那时牛津的物理学课程安排得特别容易，你可以毫不用功。在牛津上学的三年中只在刚入学和快结束时各考一回。我曾计算过，三年期间我总共用了一千小时的功，也就是平均每天一小时。我并不为我的懒惰感到自豪。我只不过描述当时我和大多数同学的共同态度：对一切完全厌倦并觉得没有任何值得努力追求的东西。我的疾病的一个结果就是把这一切都改变了：当你面临着夭折的可能时，你就会意识到，生命是宝贵的，你有大量的事情要做。

因为我没有用功，为了通过期终考，我就打算研究理论物理的问题，避免记忆性的知识。可是，考试前夜我由于神经紧张而失眠，因此考得不很好。我处于第一等和第二等的中间，所以必须接受考官的面试才能最后决定。他们在面试时问我未来的计划。我回答说要做研究。如果他们给我一等，我就去剑桥。如果我只得到二等，我则留在牛津。他们给了我一等。

我觉得理论物理中有两个可能的领域是基本的，我可以做研究的，一个是研究非常大尺度的宇宙学，另一个是研究非常小尺度的基本粒子。因为基本粒子在那时缺乏合适的理论，所以我认为它不那么吸引人。虽然科学家发现许多新粒子，他们能做的只不过是和植物学一样把各种粒子分门别类。相反地，在宇宙学方面已有一个很好确立的理论，即爱因斯坦的广义相对论。

当时在牛津没人研究宇宙学，而在剑桥的弗雷得·霍伊尔却是英国当代最杰出的天文学家。所以我申请跟霍伊尔做博士论文。我到剑桥做研究的申请被接受了，其先决条件是我要得到第一等成绩。但是使我恼火的是，我的导师不是霍伊尔，而是邓尼斯·西阿玛，我以前没有听说过他。然而，最后发现这是最佳的安排。霍伊尔经常在国外，我也许不能经常见到他。另一方面，西阿玛总在那里，他的教导总是发人深省，尽管我们之间经常意见相左。

因为我在学校和牛津并没有学到许多数学，所以开始时发现广义相对论非常艰深，进展缓慢。此外，我在牛津的最后一年发现自己的行动越来越笨拙。到了剑桥不久即被诊断患了肌肉萎缩性侧面硬化病，在英国称作运动神经细胞病。（在美国又称作卢伽雷病。）医生对于治愈甚至控制它的恶化都束手无策。

最初这种病恶化得相当迅速。因为我预料自己不会活到结束博士论文，所以看来没有必要作研究。然而，随着时间的过去，这种病的恶化似乎减慢了下来。我还开始理解了广义相对论并在研究上有所进展。真正使我生活改观的是我和一位名叫简·瓦尔德的姑娘订婚。我邂逅她之时大约便是诊断得了运动神经细胞病前后。这就使我有了一些活头。

但是为了结婚，我需要一份工作，为了得到工作，需要一个博士学位。因此在我的一生中首次开始用功。令我惊讶的是，我发现自己喜欢研究。也许把它称作工作是不公平的。有人说道：科学家和妓女都为他们喜爱的职业得到报酬。

我向龚维尔和凯尔斯（发音作基斯）学院申请研究奖金。我希望简能为我打印申请，可她来剑桥看望我时，她的手臂因为骨折打上石膏。我必须承认，我应对她更为体贴才对。还好，她是伤了左臂，所以她还能按照我的口授填好申请表，我再另请人打字。

我在申请时必须列入两个人的名字作为我的研究的推荐人。我的导师建议我应该请赫曼·邦迪作为其中之一。邦迪那时是伦敦国王学院的数学教授，他是一名广义相对论专家。我见过他两回，他还为我提交过要在《皇家学会会报》上发表的一篇文章。有一次他在剑桥演讲后，我向他要求此事，他以迷惑的眼神凝视我，然后答应说可以。他显然遗忘了我，因为当学院写信问他时，他回答说没有听说过我。现在，有这么多人申请学院的研究奖金，如果候选人的推荐人中有一人说对他不了解，他也就不会有机会了。但是那时竞争没有这么激烈。学院写信通知我此推荐人的难堪的答复，而我的导师到邦迪那儿去使他回想起我来。邦迪后来为我写了一封也许太过溢美的推荐信。我如愿得到了研究奖金，从此以后就一直是凯尔斯学院的研究员。

得到了研究奖金意味着我能和简结婚了。1965年7月我们完婚了。我们在苏福克度了一周蜜月，这是我们仅能负担的。后来我们去了纽约州的康奈尔大学举行的广义相对论暑期班。这是一个错误。我们住的宿舍尽是些带着哭闹小孩的夫妻，这使我们的新婚生活不甚愉快。不过，这个暑期班在其他方面对我们非常有益，因为我结识了许多该领域的头面人物。

直至1970年我的研究集中于宇宙学，也就是在大尺度上研究宇宙。这个时期我最重要的成果是关于奇性。对遥远星系的观测表明它们正远离我们而去：宇宙正在膨胀。这说明在过去这些星系必然更加相近。这就产生了这个问题：是否有过一个时刻，所有星系都相互重叠在一起，而宇宙的密度是无限的？或者早先是否存在一个收缩相，在这个收缩相中这些星系想法避免相互对撞？也许它们相互穿越，然而再相互离开。要回答这个问题需要新的数学技巧。这些就是在1965年和1970年之间主要由罗杰·彭罗斯和我自己所发展的。彭罗斯那时在伦敦的比尔贝克学院，现在他在牛津。我们用这些技巧来证明，如果广义相对论是正确的话，则在过去必然存在过一个无限密度的状态。

这个无限密度的状态被叫作大爆炸奇性。它意味着，如果广义相对论是正确的，则科学不能预言宇宙是如何起始的。然而，我更新近的研究成果表明，如果人们考虑到量子物理理论，这个有关非常小尺度的理论，则可能预言宇宙是如何起始的。

广义相对论还预言，当大质量恒星耗尽其核燃料时将会向自身坍缩。彭罗斯和我证明了，它们会继续坍缩直到具有无限密度的奇点。至少对恒星和它上面的一切，这个奇点即时间的终点。奇点的引力场是如此之强，甚至光线都不能从围绕它的区域逃逸，它被引力场拉回去。不可能从该处逃逸的区域就叫作黑洞，黑洞的边界叫作事件视界。任何通过事件视界掉进黑洞的东西或人都在奇点达到其时间的终结。

1970年的一个晚上，当我要上床之时思考黑洞的问题，那是我的女儿露西诞生不久的事。我忽然意识到，彭罗斯和我发展的用于证明奇性的技巧可以适用于黑洞。特别是，黑洞的边界，即事件视界的面积不会随时间减小。而且当两颗黑洞碰撞并合并成一颗单独的黑洞时，最终黑洞的视界面积比原先两颗黑洞的视界面积的和更大。这就为黑洞碰撞时可能发射的能量立下了一个重要的限制。那个晚上我激动得难以入眠。

从1970年到1974年我主要研究黑洞。但是在1974年我也许做了毕生最令人吃惊的发现：黑洞不是完全黑的！当人们考虑物质的小尺度行为时，粒子和辐射可以从黑洞漏出来。黑洞如同一个热体似地会发射辐射。

1974年之后，我从事把广义相对论和量子力学合并成一个协调理论的研究。其中一个结果便是我和加利福尼亚大学圣地巴巴拉分校的詹姆·哈特尔在1983年提出的一个设想：无论时间还是空间在范围上都是有限的，但是它们没有任何边界。它们像是地球的表面，只不过多了两维。地球表面具有有限的面积，但是没有任何边界。在我的所有旅行中，我从未落到世界的边缘外去。如果这个设想是正确的，就不存在奇性，科学定律就处处有效，包括宇宙的开端在内。宇宙起始的方式就完全由科学定律所确定。我也就实现了发现宇宙如何起始的抱负。但是我仍然不知道它为什么起始。

第 3 章
我的病历[1]

人们经常问我：运动神经细胞病对你有多大的影响？我的回答是，不很大。我尽量地过一个正常人的生活，不去想我的病况或者为这种病阻碍我实现的事情懊丧，这样的事情不怎么多。

我被发现患了运动神经细胞病，这对我无疑是晴天霹雳。我在童年时动作一直不能自如。我对球类都不行，也许是因为这个原因我不在乎体育运动。但是，我进牛津后情形似乎有所改变。我参与掌舵和划船。我虽然没有达到赛船的标准，但是达到了学院间比赛的水平。

但是在牛津上第三年时，我注意到自己变得更笨拙了，有一两回无缘无故地跌倒。直到第二年到剑桥后，我母亲才注意到并把我送到家庭医生那里去。他又把我介绍给一名专家，在我的21岁生日后不久即入院检查。我住了两周医院，其间进行各式各样的检查。他们从我的手臂上取下了肌肉样品，把电极插在我身上，把一些对辐射不透明的流体注入我的脊柱中，一面使床倾斜，一面用X光来观察这流体上上下下流动。做过了这一切以后，除了告诉我说这不是多发性硬化，

---

1. 这是1987年10月在伯明翰召开的英国运动神经细胞病协会会议上的发言稿。

并且是非典型的情形外，没有告诉我患了什么病。然而，我合计出，他们估计病情还会继续恶化，除了给我一些维生素外束手无策。我能看出他们预料维生素无济于事。这种病况显然不很妙，所以我也就不想寻根究底。

意识到我得了不治之症并很可能在几年内要结束我的性命，对我真是致命打击。这种事情怎么会发生在我身上呢？为什么我要这样地夭折呢？然而，住院期间我目睹在我对面床上一个我有点认识的男孩死于肺炎。这是个令人伤心的场合。很清楚，有些人比我更悲惨。我的病情至少没有使我觉得生病。每当我觉得自哀自怜，就会想到那个男孩。

不知什么灾难还在前头，也不知病情恶化的速率，我不知所措。医生告诉我回剑桥去继续我刚开始的在广义相对论和宇宙学方面的研究。但是，由于我的数学背景不够，所以进展缓慢，而且无论如何，我也许活不到完成博士论文。我感到十分倒霉。我就去听瓦格纳的音乐。但是杂志说我酗酒是过于夸张了。麻烦在于，一旦有一篇文章这么说，另外的文章就照抄，这样可以起轰动效应。似乎在印刷物上出现多次的东西都必定是真的。

那时我老做噩梦。在我的病况诊断之前，我就已经对生活非常厌倦了。似乎没有任何值得做的事。我出院后不久，即做了一场自己被处死的梦。我突然意识到，如果我被赦免的话，我还能做许多有价值的事。另一场我做了好几次的梦，是我要牺牲自己的生命去拯救他人。毕竟，如果我就要死了，做点善事也是值得的。

但是，我没死。事实上，虽然我的将来总是笼罩在阴云之下，但我惊讶地发现，我现在比过去更加享受生活。我在研究上取得进展。我订婚并且结婚，我还从剑桥的凯尔斯学院得到一份研究奖金。

凯尔斯学院的研究奖金及时解决了我的生计问题。选择理论物理作为研究领域是我的好运气，因为这是我的病情不会成为很严重阻碍的少数领域之一。而且幸运的是，在我的残疾越来越严重的同时，我的科学声望越来越高。这意味着人们准备给我一系列职务，我只要作研究，不必讲课。

我们在住房方面也很走运。我们结婚的时候，简仍然是伦敦的威斯特费尔德学院的一名本科生，所以她周中必须去伦敦。因为我不能走很远。这就表明我要找到位于中心的能够料理自己的地方。我向学院求助过，但是当时的财务长告诉我，学院不替研究员找住房。我们就以自己的名义预租正在市场建造的一组新公寓中的一间。（几年后，我发现这些公寓实际上是学院所有的，但是他们没有告知我这些。）然而，当我们在美国过完夏天返回剑桥之时，这些公寓还未就绪。这位财务长做了一个巨大的让步，让我们住进研究生宿舍的一个房间。他说："这个房间一个晚上我们正常收费十二先令六便士。但是，由于你们两个人住在这个房间，所以收费二十五先令。"

我们只在那里住了三夜。然后我们在离我大学的系大约100码（1码=0.9144米）的地方找到一幢小房子。它属于另一个学院，并租给了它的一位研究员。他最近搬到郊区的一幢房子里，把他租约余下的3个月转给我们。在那3个月里，我们在同一条街上找到另一幢空置的房子。一位邻居从多塞特找到房东并告诉她，当年轻人还在为住宿苦恼时，让她的房子空置简直太不像话。这样她就把房子租给我们。我们在那里住了几年后，就想把它买下并做了装修，我们向学院申请分期贷款。学院进行了一下估算，认为风险较大。这样最后我们从建筑社得到分期贷款，而我的父母给了我装修的钱。

我们在那儿又住了4年，直到我无法攀登楼梯为止。这时候，学院更加赏识我，并且换了一个财务长。因此他们为我们提供了学院拥有的一幢房子的底层公寓。它有大房间和宽敞的门，对我很合适。它的位置足够中心，我就能够驾驶电动轮椅到我的大学的系或学院去。它还为学院园丁照管的一个花园所环绕，我们的三个孩子对此十分惬意。

直到1974年我还能自己吃饭并且上下床。简设法帮助我并在没有外助的情形下带大两个孩子。然而此后情形变得更困难，这样我们开始让我的一名研究生和我们同住。我让他们免费食宿，关注他们的研究，他们帮助我起床和上床。1980年我们变成一个小团体，其中私人护士早晚来照应一两小时。这样子一直持续到1985年我得了肺炎为止。我必须采取穿气管手术，从此我便需要全天候护理。能够做到这样是受惠于好几种基金。

我的言语在手术前已经越来越不清楚，只有少数熟悉我的人能理解。但是我至少能够交流。我依靠对秘书口授来写论文，我通过一名翻译来作学术报告，他能更清楚地重复我的话。然而，穿气管手术一下子把我的讲话能力全部剥夺了。有一阵子我唯一的交流手段是，当有人在我面前指对拼写板上我所要的字母时，我就扬起眉毛，就这样把词汇拼写出来。这样交流十分困难后，不用说写科学论文了。还好，加利福尼亚的一位名叫瓦特 · 沃尔托兹的电脑专家听说我的困境。他寄给我他写的一段叫作平等器的电脑程序。这就使我可以从屏幕上一系列的目录中选择词汇，只要我按手中的开关即可。这个程序也可以由头部或眼睛的动作来控制。当我积累够了我要说的，就可以把它送到语言合成器中去。

最初我只在台式计算机上运行平等器的程序。后来，剑桥调节通讯公司的大卫 · 梅森把一台很小的个人电脑以及语言合成器装在我的轮椅上。我用这个系统交流得比过去好得多，每分钟我可造出十五个词。我可以要么把写过的说出来，要么把它存在磁碟里。我可以把它打印出来，或者把它召来一句一句地说出来。我已经使用这个系统写了两部书和一些科学论文。我还进行了一系列的科学和普及的讲演。听众的效果很好。我想，这要大大地归功于语言合成器的质量，它是由语言公司制造的。一个人的声音很重要。如果你的声音含糊，人们很可能以为你有智能缺陷。我的合成器是迄今为止我所听到的最好的，因为它会抑扬顿挫，并不像一台机器在讲话。唯一的问题是它使我说话带有美国口音。然而，现在我已经认同了它的声音。甚至如果有人要提供我英国口音，我也不想更换。否则的话，我会觉得变成了另外的一个人。

我实际上在运动神经细胞病中度过了整个成年。但是它并未能够阻碍我有个非常温暖的家庭和成功的事业。我要十分感谢从我的妻子、孩子以及大量的朋友和组织得到的帮助。很幸运的是，我的病况比通常情形恶化得更缓慢。这表明一个人永远不要绝望。

第4章 公众的科学观[1]

不管我们喜欢不喜欢，我们生活其中的世界在过去100年间发生了剧烈的变化，看来在下个世纪这种变化还要更厉害。有些人宁愿停止这些变化，回到他们认为是更纯洁单纯的年代。但是，正如历史所昭示的，过去并非那么美好。过去对于少数特权者而言是不坏，尽管他们甚至享受不到现代医药，妇女生育也是高度危险的。但是，对于绝大多数人，生活是肮脏、野蛮而短暂的。

无论如何，即便人们向往也不可能把时钟扳回到过去。知识和技术不能就这么被忘却。人们也不能阻止将来的进步。即便所有政府都把研究经费停止（而且现任政府在这一点上做得十分地道），竞争的力量仍然会把技术向前推进。况且，人们不可能阻止好奇的头脑去思考基础科学，不管这些人是否得到报酬。防止进一步发展的唯一方法是建立压迫任何新生事物的全球独裁政府，但是人类的创造力和天才是如此之顽强，即便是这样的政府也无可奈何。充其量不过把变化的速度降低而已。

1. 这是1989年10月在西班牙奥维多接受阿斯特里乌斯王子协和奖金时的讲演。此文做过修订。

如果我们同意，无法阻止科学技术改变我们的世界，我们至少能尽量保证它们引起的变化是在正确的方向上。在一个民主社会中，这意味着公众需要对科学有基本的理解，这样做的决定才能是消息灵通，而不会只受少数专家的操纵。现今公众对待科学的态度相当矛盾。人们希望科学技术新发展继续促进生活水平的稳定提高，另一方面由于不理解而不信任科学。一位在实验室中制造弗兰肯斯坦机器人的疯子科学家的卡通人物便是这种不信任的明证。这也是支持绿党的一个背景因素。但是公众对科学，尤其是天文学兴趣盎然，这可从诸如《宇宙》电视系列片和科幻小说对大量观众的吸引力而看出。

如何利用这些兴趣向公众提供必需的科学背景，使之在诸如酸雨、温室效应、核武器和遗传工程方面做出真知灼见的决定？很清楚，根本的问题是中学基础教育。可惜中学的科学教育既枯燥又乏味。孩子们依赖死记硬背蒙混过关，根本不知道科学和他们周围世界有何相关。此外，通常需要方程才能学会科学。尽管方程是描述数学思想的简明而精确的方法和手段，但大部分人对它敬而远之。当我最近写一部通俗著作时，有人提出忠告说，每放进一个方程都会使销售量减半。我引进了一个方程，即爱因斯坦著名的方程，$E=mc^2$。也许没有这个方程的话，我能多卖出一倍数量的书。

科学家和工程师喜欢用方程的形式表达他们的思想，因为他们需要量的准确值。但对于其他人，定性地掌握科学概念已经足够，这些概念只要通过语言和图解而不必用方程即能表达。

人们在学校中学的科学可提供一个基本框架，但是现在科学进步的节奏如此之迅速，在人们离开学校或大学之后总有新的进展。我在中学时从未学过分子生物学或晶体管，而遗传工程和计算机却是最有可能改变我们将来生活方式的两种技术。有关科学的通俗著作和杂志文章可以帮助我们知悉新发展，但是哪怕是最成功的通俗著作也只为人口中的一小部分阅读。只有电视才能触及真正广大的观众。电视中有一些非常好的科学节目，但是其他节目把科学奇迹简单地描述成魔术，而没有进行解释或者指出它们如何和科学观念的框架一致。科学节目的电视制作者应当意识到，他们不仅有娱乐公众，而且有教育公众的责任。

在最近的将来，什么是公众在和科学相关的问题上应做的决定呢？迄今为止最紧急的应是有关核武器的决定。其他的全球问题，诸如食物供给或者温室效应则是相对迟缓的，但是核战争意味着地球的全人类在几天内被消灭。冷战结束带来的东西方紧张关系的缓解意味着，核战争的恐惧已从公众意识中退出。但是只要还存在把全球人口消灭许多次的武器，这种危险仍然在那里。在苏联和美国的核武器仍然把北半球的主要城市作为毁灭目标。只要电脑出点差错或者掌握这些武器的人员不服从命令就足以引发全球战争。更令人忧虑的是现在有些弱国也得到了核武器。强国的行为相对负责任一些，但是一些弱国如利比亚或伊拉克、巴基斯坦甚至阿塞拜疆的诚信就不够高。这些国家能在不久获得的实际的核武器本身并不太可怕，尽管能炸死几百万人，这些武器仍然是相当落后的。其真正的危险在于两个小国家之间的核战争会把具有大量核储备的强国卷进去。

公众意识到这种危险性，并迫使所有政府同意大量裁军是非常重要的。把所有核武器销毁也许是不现实的，但是我们可以减少武器的数量以减少危险。

如果我们避免了核战争，仍然存在把我们消灭的其他危险。有人讲过一个恶毒的笑话，说我们之所以未被外星人文明所接触，是因为当他们的文明达到我们的阶段时会先毁灭自己。但是我对公众的意识有充分的信任，那就是相信我们能够证明这个笑话是荒谬的。

第5章
《时间简史》之简史[1]

为庆祝我的《时间简史》所举行的招待会迄今仍然使我大吃一惊。此书已在《纽约时报》最畅销书榜上列名达37周之久，在伦敦的《星期日泰晤士报》上达28周之久（它在英国比在美国出版得晚）。它被翻译成20种文字（如果你把美语和英语相区分的话，应算作21种文字）。这大大超过我在1982年首次打算写一本有关宇宙的通俗读物时所预料的。我的部分动机是为我女儿挣一些学费。（事实上，在本书面世时，她在上学校的最后一年。）但是其主要原因是我想向人们解释，在理解宇宙方面我们已经走到多么远的地步：我们也许已经非常接近于找到描述宇宙和其中的万物的完整理论。

如果我准备花时间和精力写一本书，就要使它有尽可能多的读者。我以前的专业性的书都由剑桥大学出版社出版。那是一家出色的出版社，但是我觉得它并没有真正面向我所要触及的大众。因此，我就和一位文化经纪人，阿尔·朱克曼接触。他是作为一位同事的姻亲兄弟被介绍给我的。我给了他第1章的草稿，并对他解释道，我要使它成

1. 此文原载于1988年12月的《独立报》上。《时间简史》荣登《纽约时报》最畅销书榜达53周之久；在英国直至1993年2月止已列名伦敦的《星期日泰晤士报》的最畅销书榜达205周之久。（184周后，由于在这个榜上出尽风头而被收入《吉尼斯世界纪录》。）现在已被翻译成33种文字。

为在机场书摊上出售的那一种书。他告诉我说，这根本不可能。它也许很受学术界和学生的欢迎，但是要想侵入杰弗里·阿歇尔[1] 的领地绝无可能。

1984年我把本书的初稿交给朱克曼。他把它送交几个出版商，并提议我接受诺顿的条件，诺顿是美国的一家相当出色的图书出版公司。但是，我接受了矮脚鸡书社的条件，这是一家更加面向大众市场的出版社。虽然矮脚鸡并不精于科学书籍，他们的出版物却遍布机场书摊。他们接受我的书的缘由可能是出于他们的一位编辑彼得·古查底的兴趣。他对自己的工作非常尽责，并让我把书重写，写成像他那样的非科学家都能理解的程度。我每回寄给他重写的章节，他都寄回一长列异议和要我澄清的问题。我好几回想这个过程将会没完没了。但是他是对的：结果这本书大大地改善了。

在我接受矮脚鸡条件之后不久，即得了肺炎。我不得不接受穿气管的手术，它使我失去说话能力。在一段时间内，我只能靠扬眉来进行交流，这时另一个人指着一块板上的字母。多亏人家赠送给我的计算机程序，才使我可能完成此书。它有一些缓慢，但是那时候我也思维得慢，所以我们可以配合得好。我利用它几乎完全重写了初稿以回应古查底的要求。我的一位学生布里安·维特帮助我进行修改。

雅各布·布朗诺夫斯基[2] 的电视系列片《人类进化》给我留下深刻印象。它简略地介绍了人类在仅仅15000年内从以前的初级野人进

1. 杰弗里·阿歇尔（Jeffrey Archer）是美国当代悬念通俗小说家。
2. 雅各布·布朗诺夫斯基（Jacob Bronowski）是英国当代人类学家。——译者注

化到现代状态的成就。我想在朝着完全理解制约宇宙定律的进展方面，给人们传达类似的感觉。我很清楚，几乎无人不对宇宙如何运行感兴趣，但是大部分人不能理解数学方程——我本人对方程也不太在乎。其部分原因是我写方程很困难，但主要是因为我对方程缺乏直觉。相反地，我依照图像来思维，我的目标是要把这些头脑中的图像用语言在书中表达出来，并借助一些熟悉的比喻和图解。我希望用这种办法，可以让大多数人分享到过去20年间物理学的显著进步所引起的激动和成就感。

尽管避免了数学，一些思想仍然是非常陌生的、很难阐释的。我就面临着这样两难的境地：是冒着使人混淆的危险去解释，还是滑过这些难点呢？某些陌生的概念，譬如说以不同速度运动的观察者测量同样的一对事件时会得到不同的时间间隔，这个事实对于我所要描绘的图像并不是根本的。所以，我觉得只提一下而不必深入讨论。但是，其他一些困难的思想对于我所要阐述的东西至关重要。有两个概念我觉得尤其需要包括进去。第一就是所谓的对历史的求和，这就是宇宙不仅仅具有单一的历史的思想。对于宇宙而言，存在一整族所有可能的历史，而且所有这些历史都是同等实在的（不管其含义是什么）。另一个思想便是“虚时间”，它对于赋予历史求和以数学意义不可或缺。现在回想起来，当初我应多花工夫去解释这两个非常困难的概念，尤其是后者。虚时间似乎是人们在阅读此书时遭遇的最大障碍。其实，实在没有必要准确理解何为虚时间——只要认为它和我们称为实时间的不同就可以了。

在这本书即将出版之际，一位科学家收到一册预印本，他要为

《自然》杂志替本书写评论，他大吃一惊地发现，该书错误百出，照片和图解的排列及编号是混乱的。他电告矮脚鸡书社，后者同样大吃一惊并决定即日全部收回已印的书并销毁。他们花了3周时间紧张地改正并重校全书，赶在4月预定的出版日期在书店推出。那时《时代》周刊刊登了我的一幅剪影。尽管如此，编辑还是为市场的需求量而惊讶。现在美国正在印第7次，而英国是 10次印刷[1]。

为什么这么多人购买它呢？我本人的立场很难保证客观，所以我想列举他人所说的。我发现大多数评论虽然是好意的，却是不清晰的。他们喜欢遵循这样的公式：史蒂芬·霍金患了卢伽雷病（美国的评论），或者运动神经细胞病（英国的评论）。他被禁锢在轮椅上，不能言语，只能挪动x根手指（这儿的x似乎从一变到三，依据评论者所读的哪篇有关我的不精确的文章而定）。然而，他写了这部关于大问题的书：我们从何处来并往何处去？霍金提供的答案是宇宙既不能创生也不能毁灭：它只是存在。霍金为了表述这个思想引进了虚时间概念，对此我（评论者）有些难于理解。尽管如此，如果霍金是对的，而且我们的确找到一套完备的统一理论，我们就真正地知道了上帝的精神。（我在看校样时差点儿删去该书的最后一句话，即我们会知道上帝的精神。如果我那么做的话，这部书的销售量就会减半。）

我觉得伦敦的报纸《独立报》的一篇文章相当清醒，它说甚至像《时间简史》这样严肃的科学著作也会变成一部巫书。我的妻子吓坏了，而我却因为写了一部人们把它和《禅与摩托车维修工艺》相比较

---

1. 截至1993年4月，在美国出了精装的第40次和平装的第19次印刷，而在英国是精装的第39次印刷。

的书而感到甚受恭维。我希望拙作和《禅》一样使人们觉得，他们不必自外于伟大的智慧及哲学的问题。

毫无疑义，对于我克服残疾而成为理论物理学家的人性好奇心起了推波助澜的作用。但是，那些基于人性好奇而购书者会大失所望，因为书中有关我的身体状况的只有两处。这本书试图成为一部宇宙史，而不是我的自传。这并没有阻止人们指责矮脚鸡可耻地利用我的疾病，并责备我作为同谋允许把照片印在封面上。事实上，在合同中我对封面毫无发言权。然而，我的确曾经鼓动矮脚鸡在英国版中用一张好的照片，把美国版的那张凄惨的过时照片换下来。但是，矮脚鸡坚持原封不动，据说美国公众已经把它和我的书相认同。

还有人说，大家购买我的书是因为读了它的评论或者它上了畅销书榜，但他们并不读它；他们只是将其放在书架或咖啡桌上，因此不需费力读通而仅是拥有它就值得炫耀。我断定会有这种情形发生，但我不知是否比大多数其他的包括《圣经》和莎士比亚著作在内的严肃书籍更甚。另一方面，我知道至少有一些人读过它，因为我每天都收到一叠有关此书的信件，许多人提出问题或者给出仔细的评论，这表明他们至少读过它，即便还不能完全理解。我还不时被街上的行人拦住，他们告诉我如何欣赏此书。当然，我比大多数作者更容易被认出，或者说更有特征，如果不是更杰出的话。但是，我受到的公众祝贺的频繁度（这使我的9岁的儿子十分困惑）似乎表明，购买此书的人士中至少有一部分的确在阅读它。

现在人们问我下一步准备做什么。我觉得自己肯定不会写《时间简史》的续集。用什么书名呢？《时间详史》?《时间终结之后》?《时间之子》？我的经纪人建议我允许拍一部我的传记片。但是，如果让演员来饰演我们，则无论是我还是我的家人的自尊心将丧失殆尽。如果我答应并协助别人来撰写我的生平，其后果将是类似的，只不过程度减轻一些而已。当然，我不能阻止别人独立地为我作传，只要那不是诽谤性的，但是我想用自己正准备写自传的借口来应付他们。也许我真的会写。但是我不着急。毕竟还有许多优先要做的科学问题。

第6章 我的立场[1]

这篇文章不是关于我信仰上帝与否。我将讨论我对人们如何理解宇宙的认识：作为“万物理论”的大统一理论的现状和意义。这里存在一个真正的问题。研究和争论这类问题应是哲学家的天职，可惜他们多半不具备足够的数学背景，以赶上现代理论物理进展的节拍。还有一种称作科学哲学家的子族，他们的背景本应更强一些。但是，他们中的许多人是失败的物理学家，他们知道自己无能力发现新理论，所以转而写物理学的哲学。他们仍然为本世纪初的科学理论，诸如相对论和量子力学而喋喋不休。他们和物理学的当代前沿相脱节。

也许我对哲学家们过于苛刻一些，但是他们对我也不友善。我的方法被描述成天真的和头脑简单的。我在不同的场合曾被称为唯名论者、工具主义者、实证主义者、实在主义者以及其他好几种主义者。其手段似乎是借助污蔑来证伪：只要将我的方法贴上标签就可以了，不必指出何处出错。无人不知所有那些主义的致命错误。

在实际推动理论物理进展的人们并不认同哲学家和科学史家后来为他们发明的范畴。我敢断定，爱因斯坦、海森伯和狄拉克对于他

1. 1992年5月在剑桥凯尔斯学院的讲演。

们是否为实在主义者或者是工具主义者根本不在乎。他们只是关心现存的理论不能相互协调。在发展理论物理中，寻求逻辑自洽总是比实验结果更为重要。优雅而美丽的理论会因为不和观测相符而被否决，但是我从未看到任何仅仅基于实验而发展的主要理论。首先是需求优雅而协调的数学模型提出理论，然后理论作出可被观测验证的预言。如果观测和预言一致，这并未证明该理论；只不过该理论存活以做进一步的预言，新预言又要由观测来验证。如果观测和预言不符，即抛弃该理论。

或者不如说，这是应当这么发生的。但在实际中，人们非常犹豫放弃他们已投注大量时间和心血的理论。通常他们首先质询观测的精度。如果找不出毛病的话，就以想当然的方式来修正理论。该理论最终就会变成丑陋的庞然大物。然后某人提出一种新理论，所有古怪的观测都优雅而自然地在新理论中得到解释。1887年进行的迈克耳孙-莫雷实验即是一个例子，它指出不管光源与观测者如何运动，光速总是相同的。这简直莫名其妙。人们原先以为，朝着光运动比顺着光运动一定会测量出更高的光速，然而实验的结果是，两者测量出完全一样的光速。在接着的18年间，像亨得利克 · 洛伦兹和乔治 · 费兹杰拉德等人试图把这一观测归纳到当时被接受的空间和时间观念的框架中。他们引进了特设的假定，诸如物体在高速运动时缩短。物理学的整个框架变得既笨拙又丑陋。之后，爱因斯坦在1905年提出了一种更为迷人的观点，时间自身不能是完全独立的。相反地，它和空间结合成称为时空的四维的东西。爱因斯坦之所以得到这个思想，与其说是由于实验的结果，不如说是由于需要把理论的两个部分合并成一个协调的整体。这两个部分便是制约电磁场的，以及制约物体运动的两套定律。

我认为，无论是爱因斯坦还是别的什么人在1905年都没有意识到，相对性的这种新理论是多么简单而优雅。它完全变革了我们关于空间和时间的观念。这个例子很好地阐明了，在科学的哲学方面很难成为实在主义者，因为我们认为实在的是以我们所赞同的理论为前提。我能肯定，洛伦兹和费兹杰拉德在按照牛顿的绝对空间和绝对时间观念来解释光速实验时都自认为是实在主义者。这种时间和空间的概念似乎和常识以及实在相对应。然而，今天熟悉相对论的人，尽管人数极少，却持有不同的观点。我们必须不断告诉人们诸如空间和时间等基本概念的现代理解。

如果我们认为实在依我们的理论而定，怎么可以用它作为我们哲学的基础呢？在我认为存在一个有待人们去研究和理解的宇宙的意义上，我愿承认自己是个实在主义者。我把唯我主义者的立场认为是在浪费时间，他们认为任何事物都是我们想象的创造物。没人基于那个基础行事。但是没有理论我们关于宇宙就不能说什么是实在的。因此，我采取这样的被描述为头脑简单或天真的观点，即物理理论不过是我们用以描写观察结果的数学模型。如果该理论是优雅的模型，它能描写大量的观测，并能预言新观测的结果，则它就是一个好理论。除此以外，问它是否和实在相对应就没有任何意义，因为我们不知道什么与理论无关的实在。这种科学理论的观点可能使我成为一个工具主义者或实证主义者——正如我在上面提及的，我被同时加上这两个标签。称我为实证主义者的那位进一步说到，人所共知，实证主义已经过时了——这是用污蔑来证伪的又一例证。它在过去的知识界时兴过一阵，就这一点而言的确是过时了。但我所概括的实证主义似乎是人们为描写宇宙而寻找新定律新方法的仅有的可能的立场。因为我们没有和实在概念无关的模型，所以求助于实在将毫无用处。

依我的意见，对与模型无关的实在的隐含的信仰是科学哲学家们在对付量子力学和不确定原理时遭遇困难的基本原因。有一个称为薛定谔猫的著名理想实验。一只猫被置于一个密封的盒子中。有一杆枪瞄准着猫，如果一颗放射性核子衰变就开枪。发生此事的概率为50%。（今天没人敢提这样的动议，哪怕仅仅是一个理想实验，但是在薛定谔时代，人们没听说过什么动物解放之类的话。）

如果人们开启盒子，就会发现该猫非死即活。但是在此之前，猫的量子态应是死猫状态和活猫状态的混合。有些科学哲学家觉得这很难接受。猫不能一半被杀死另一半没被杀死，他们断言，正如没人处于半怀孕状态一样。使他们为难的原因在于，他们隐含地利用了实在的一个经典概念，一个对象只能有一个单独的确定历史。量子力学的全部要点是，它对实在有不同的观点。根据这种观点，一个对象不仅有单独的历史，而且有所有可能的历史。在大多数情形下，具有特定历史的概率会和具有稍微不同历史的概率相抵消；但是在一定情形下，邻近历史的概率会相互加强。我们正是从这些相互加强的历史中的一个观察到该对象的历史。

在薛定谔猫的情形，存在两种被加强的历史。猫在一种历史中被杀死，在另一种中存活。两种可能性可在量子理论中共存。因为有些哲学家隐含地假定猫只能有一个历史，所以他们就陷入这个死结而无法自拔。

时间的性质是我们物理理论确定我们实在概念的又一例子。不管发生了什么，时间总是勇往直前在过去被认为是显而易见的。但是相对论把时间和空间结合在一起，而且告知我们两者都能被宇宙中的物质和能量所卷曲或畸变。这样，我们对时间性质的认识就从与宇宙无关变成由宇宙赋予形态。这样，在某一点以前时间根本没有意义就变成可以理解的了；当人们往过去回溯，就会遭遇到一个不可逾越的障碍，即奇点，他不能超越奇点。如果情形果真如此，去询问何人或何物引起或创造大爆炸便毫无意义。谈论原因或创生即隐含地假设在大爆炸奇点之前存在时间。爱因斯坦的广义相对论预言，时间在150亿年前的奇点处必须有个开端，我们知道这一点已经25年了。但是哲学家们还没有掌握这个思想。他们仍然在为65年前发现的量子力学的基础忧虑。他们没有意识到物理学前沿已经前进了。

更糟糕的是虚时间的数学概念。詹姆·哈特尔和我提出，宇宙在虚时间里既没有开端又没有终结。我因为谈论虚时间受到一位科学哲学家的猛烈攻击。他说：像虚时间这样的一种数学技巧和实在宇宙有什么相关呢？我以为，这位哲学家把专业数学术语中的实数和虚数与在日常语言中的实在和想象的用法混淆了。这刚好阐述了我的要点：如果某物与我们用以解释它的理论或模型无关，何以知道它是实在的？

我用了相对论和量子力学中的例子来显示，人们在试图赋予宇宙意义时所面临的问题。你是否理解相对论和量子力学，或者甚至这些理论是错误的，都无关紧要。我所希望显示的是，至少对于一名理论物理学家而言，把理论视作一种模型的某种实证主义的方法，是理解宇宙的仅有手段。我对我们找到描述宇宙中的万物的一套协调模型满怀信心。如果我们达到这个目标，那将是人类真正的胜利。

第7章
理论物理已经接近尾声了吗？[1]

我要在这几页讨论在不太远的将来，譬如20世纪末实现理论物理学目标的可能性。我这里是说，我们会拥有一套物理相互作用的完备的协调的统一理论，这一理论能描述所有可能的观测。当然，人们在做这类预言之时必须十分谨慎。以前我们至少有过两回以为自己濒于最后的综合。人们在本世纪初相信，任何东西都可以按照连续体力学来理解。所要做的一切只不过是测量一些诸如弹性、黏滞性和传导性等系数。原子结构和量子力学的发现粉碎了这一希望。又有一回，在20世纪20年代末，马克斯·玻恩对一群访问哥廷根的科学家说："就我们所知，物理学将在6个月内完结。"这是在保罗·狄拉克发现狄拉克方程之后不久讲的。狄拉克是卢卡斯教席的一位前任。以他命名的方程制约电子的行为。人们预料类似的方程会制约质子，质子是另一种当时仅知的假设为基本的粒子。然而。中子和核力的发现又使那些希望落空。现在我们已经知道，事实上不管是质子还是中子都不是基本的，它们是由更小的粒子构成的。尽管如此，我们近年来取得了大量的进步，而且正如我将要描述的，存在某些谨慎乐观的根据，相信在阅读这篇文章的某些读者的有生之年，我们能看到一套完备的理论。

---

1. 1980年4月29日我在剑桥就职为卢卡斯数学教授。这篇文章即我的就职讲演，由我的一名学生宣读。

即使我们的确得到了完备的统一理论，我们除了最简单的情形外，仍然不能作任何细节的预言。例如，我们已经知道制约我们日常经历的任何事物的物理定律。正如狄拉克指出的，他的方程是“大部分物理学以及全部化学的基础”。然而，我们只有对非常简单的系统，包括一颗质子和一颗电子的氢原子才能解这个方程。对于具有更多电子的更复杂的原子，且不说具有多于一个核的分子，我们就只能借助于近似法和直觉猜测，其有效性堪疑。对于由大约10^{23}颗粒子构成的宏观系统，我们必须使用统计方法而且抛弃获得方程准确解的任何幻想。我们虽然在原则上知道制约整个生物学的方程，但是不能把人类行为的研究归结为应用数学的一个分支。

我们说的物理学的一个完备的统一理论是什么含义呢？我们对物理实在的模拟的企图通常由两个部分组成：

1.一族各种物理量服从的局部定律。这些定律通常被表达成微分方程。

2.一系列边界条件。这些边界条件告诉我们宇宙某些区域在某一时刻的状态以及后来从宇宙的其他部分传递给它的什么效应。

许多人宣称，科学的角色是局限于这两个部分的第一个，也就是说一旦我们得到局部物理定律的完备集合，理论物理也就功德圆满了。他们把宇宙初始条件的问题归入形而上学或者宗教的范畴。这个看法在某种方面像20世纪以前劝阻科学研究的那些人的观点，他们说所有自然现象都是上帝的事务，所以不应加以探索。我认为，宇宙的初始条件和局部科学定律可以同样地作为科学研究和理论的课题。只有在我们比仅仅宣称“事情现在之所以这样是因为它过去是那样”更有作为时，我们才算有了一个完备的理论。

初始条件的唯一性问题和局部物理定律的任意性问题密不可分：如果一个理论包含有一些诸如质量或者耦合常数等人们可以随意赋值的可调节参数，则我们不把它当成是完整的。事实上，无论是初始条件还是理论中的参数值似乎都不是任意的，它们是被非常仔细地选取或者挑选出来的。例如，质子与中子质量差若不为两倍电子质量左右，人们就不能得到大约200种稳定的核，这些核构成元素，并且是化学和生物的基础。类似地，如果质子的引力质量非常不同，就不能得到这些核在其中合成的恒星。此外，如果宇宙的初始膨胀稍微再慢一些或稍微再快一些，则宇宙会在这种恒星演化之前就坍缩了，或者会膨胀得这么迅速，使得恒星永远不可能由引力凝聚而形成。

的确，有些人走得如此之远，他们甚至把对初始条件和参数的这些限制提高到原理的地位，这就是人存原理，可以表述为：“事物之所以如此是因为我们如此。”根据这一原理的一种版本，存在非常大量不同的分开的宇宙，它们具有不同的物理参数值和初始条件。这些宇宙中的大多数不能为智慧生命所需要的复杂结构发展提供恰当的条件。只有在少数具有和我们自己宇宙的类似的条件和参数的宇宙中，才可能让智慧生命得以发展并且询问：“宇宙为何像我们所观测的那样？”其答案当然是，如果宇宙换一种样子，就不存在任何人去问这个问题。

人存原理的确为许多令人注目的数值关系提供了某种解释，我们在不同的物理参数值之间可以观察到这些关系。然而，它不是完全令人满意的。人们不禁觉得应该存在某种更深刻的解释。此外，它不能解释宇宙中的所有区域。例如，我们太阳系肯定是我们存在的先决条件，先决条件还包括更早代的邻近恒星，重元素可由核聚变在这些恒星中形成。甚至我们整个银河系也是必需的。但是似乎其他星系没有必要存在，更不用说在整个能观测到的宇宙中大体均匀分布的我们看得见的亿万个星系了。宇宙的大尺度均匀性令人难以信服，宇宙的大尺度结构竟取决于在一个寻常螺旋星系边缘环绕一颗普通恒星的一颗小小行星上微不足道的复杂分子结构。

如果我们不准备借助于人存原理，就需要某种统一理论来解释宇宙的初始条件和各种物理参数值。然而，要一蹴而就地杜撰出一种包罗万象的完整理论太困难了（但似乎不能阻止某些人这么做，我每周都从邮局收到两三种统一理论）。相反地，我们要做的是寻找部分理论，它能描述在忽视或以简单方式去近似某些相互作用下的情形。我们首先把宇宙的物质内容分成两个部分："物质"即为诸如夸克、电子和μ介子等粒子，以及"相互作用"诸如引力和电磁力等。物质粒子由具有半自旋的场来描写，它服从泡利不相容原理，该原理保证同一状态下最多只能有一颗同类的粒子。这就是我们能有不坍缩成一点或辐射到无限远去的固体的原因。物质要素又分成两组：由夸克组成的强子，以及包括其余的轻子。

相互作用被唯象地分成四个范畴。它们按照强度依次为：强核力，这只是强子之间的相互作用；电磁力，它是在带电荷的强子和轻子之间的相互作用；弱核力，它是在所有强子和轻子之间的相互作用；最后还有迄今为止最弱的，即引力，它是在任何东西之间的相互作用。这些相互作用由整自旋的场表示，这些场不服从泡利不相容原理。这表明它们在同一态上可有许多粒子。在电磁力和引力的情形下，其相互作用还是长程的，这表明由大量物质粒子产生的场可以叠加起来，得到在宏观尺度上能被检测到的场。正因为这些原因，它们首先获得为之发展的理论：17世纪牛顿的引力论，以及19世纪麦克斯韦的电磁理论。因为牛顿理论在整个系统被赋予任何均匀的速度时保持不变，而麦克斯韦理论定义了一个优越的速度——光速，所以这两种理论在本质上是相互矛盾的。人们最后发现，牛顿引力论必须被修正，使之和麦克斯韦理论的不变性相协调。爱因斯坦在1915年提出的广义相对论达到了这种目的。

引力的广义相对论和电磁力的麦克斯韦理论是所谓的经典理论。经典理论牵涉到至少在原则上可以测量到任意精度的连续变化的量。然而，当人们想用这种理论去建立原子的模型时产生了一个问题。人们发现，原子是由一个很小的带正电荷的核以及围绕它的带负电荷的电子云组成的。自然的假定是，电子绕着核公转，正如地球绕着太阳公转一样。但是经典理论预言，电子会辐射电磁波。这些波会携带走能量，并因此使电子以螺旋轨道撞到核上去，导致原子坍缩。

量子力学的发现克服了上述的困难。它的发现无疑是本世纪理论物理的最伟大的成就。其基本假设是海森伯的不确定性原理，它是讲某些物理量的对，譬如一颗粒子的位置和动量不能同时以无限的精度被测量。在原子的情形下，这表明处于最低能态的电子不能静止地待在核上。这是因为在这种情形下，其位置是精确定义的（在核上），而且它的速度也被精确地定义（为零）。相反地，不管是位置还是速度都必须围绕着核以某种概率分布抹平开来。因为电子在这种状态下没有更低能量的状态可供跃迁，所以它不能以电磁波的形式辐射出能量。

在20世纪的20年代和30年代，量子力学被极其成功地应用到诸如原子和分子的只具有有限自由度的系统中。但是，当人们尝试将它应用到电磁场时出现了困难，电磁场具有无限数目的自由度，粗略地讲，时空的每一点都具有两个自由度。这些自由度可被认为是一个谐振子，每个谐振子具有各自的位置和动量。因为谐振子不能有精确定义的位置和动量，所以不能处于静止状态。相反地，每个谐振子都具有所谓零点起伏和零点能的某种最小的量。所有这些无限数目的自由度的能量会使电子的表观质量和表观电荷变成无穷大。

在20世纪40年代晚期，人们发展了一种所谓的重正化步骤用来克服这个困难。其步骤是相当任意地扣除某个无限的量，使之留下有限的余量。在电磁场的情形，必须对电子的质量和电荷分别作这类无限扣除。这类重正化步骤在概念上或数学上从未有过坚实的基础，但是在实际中却相当成功。它最大的成功是预言了氢原子某些光谱线的一种微小位移，这被称为兰姆位移。然而，由于它对于被无限扣除后余下的有限的值从未做出过任何预言，所以从试图建立一个完备理论的观点看，它不是非常令人满意的。这样，我们就必须退回到人存原理去解释为何电子具有它所具有的质量和电荷。

在20世纪50年代和60年代，人们普遍相信，弱的和强的核力不是可重正化的，也就是说，它们需要进行无限数目的无限扣除才能使之有限。这样就遗留下无限个理论不能确定的有限余量。因为人们永远不能测量这所有无限个参量，所以这样的一种理论没有预言能力。然而，1971年杰拉德·特符夫特证明了电磁和弱相互作用的一个统一模型的确是可重正化的，只要做有限个无限扣除。这个模型是早先由阿伯达斯·萨拉姆和史蒂芬·温伯格提出的。在萨拉姆-温伯格理论中，光子这个携带电磁相互作用的自旋为1的粒子和三种其他的自旋为1的称为W^+，W^-和Z^0的伙伴相联合。人们预言，所有这四种粒子在非常高的能量下的行为都非常相似。然而，在更低的能量下人们用所谓的自发对称破缺来解释如下事实，光子具有零静质量，而W^+，W^-和Z^0都具有大质量。该理论在低能下的预言和观测符合得十分好，这导致瑞典科学院在1979年把诺贝尔物理奖颁给萨拉姆、温伯格和谢尔登·格拉肖。格拉肖也建立了类似的理论。然而，因为我们还没有足够高能量的粒子加速器，它能在由光子携带的电磁力以及由W^+，W^-和Z^0携带的弱力真正发生相互统一的范畴内检验理论，所以正如格拉肖自己评论的，诺贝尔委员会这次实际上冒了相当大的风险。人们在几年之内就会拥有足够强大的加速器，而大多数物理学家坚信，他们会证实温伯格-萨拉姆理论[1]。

萨拉姆-温伯格理论的成功诱使人们寻求强作用的类似的可重正化理论。人们在相当早以前就意识到，质子和诸如π介子的其他强子不能是真正的基本粒子，它们必须是其他，叫作夸克的粒子的束缚态。

1. 事实上，1983年人们在日内瓦的欧洲核子中心观测到W和Z粒子。1984年另一次诺贝尔奖颁给了卡罗·鲁比亚和西蒙·范德·米尔，他们领导的小组做出了这个发现。只有特符夫特失去了得奖机会。

这些粒子似乎具有古怪的性质，虽然它们能在一颗强子内相当自由地运动，人们却发现得不到单独夸克自身。它们不是以三个一组地出现（如质子和中子），就是以包括夸克和反夸克的对出现（如 π 介子）。为了解释这种现象，夸克被赋予一种称作色的特征。必须强调的是，这和我们通常的色感无关，夸克太微小了，不能用可见光看到，它仅是一个方便的名字。其思想是夸克带有三种色——红、绿和蓝——但是任何孤立的束缚态，譬如强子必须是无色的，要么像在质子中是红、绿和蓝的组合，要么像在 π 介子中是红和反红、绿和反绿以及蓝和反蓝的混合。

人们假定，夸克之间的强相互作用由称作胶子的自旋为1的粒子携带。胶子和携带弱相互作用的粒子相当相像。胶子也携带色，它们和夸克服从称作量子色动力学（简称为QCD）的可重正化理论。重正化步骤的一个结论是，该理论的有效耦合常数依所测量的能量而定，而且在非常高的能量下减少到零。这种现象被称作渐近自由。这表明强子中的夸克在高能碰撞时的行为几乎和自由粒子相似，这样它们的微扰可以用微扰理论成功地处理。微扰理论的预言在相当定性的水平上和观测一致，但是人们仍然不能宣称这个理论已被实验验证。有效耦合常数在低能下变成非常大，这时微扰理论失效。人们希望这种“红外束缚”能够解释为何夸克总被禁闭于无色的束缚态中，但是迄今为止没有人能真正信服地展现这一点。

在分别得到强相互作用和弱电相互作用的可重正化理论之后，人们很自然要去寻求把两者结合起来的理论。这类理论被相当夸张地命名为“大统一理论”或简称为GUT。因为它们既非那么伟大，也没有完全统一，还由于它们具有一些诸如耦合常数和质量等不确定的重正化参数，因此也不是完整的，所以这种命名是相当误导的。尽管如此，它们也许是朝着完整统一理论的有意义的一步。它的基本思想是，虽然强相互作用的有效耦合常数在低能量下很大，但是由于渐近自由，它在高能量下逐渐减小。另一方面，虽然萨拉姆-温伯格理论的有效耦合常数在低能量下很小，但是由于该理论不是渐近自由的，它在高能量下逐渐增大。如果人们把在低能量下的耦合常数的增加率和减少率向高能量方向延伸的话，就会发现这两个耦合常数在大约10^{15}吉电子伏能量左右变成相等。(1吉电子伏即是10亿电子伏。这大约是1颗氢原子完全转变成能量时所释放出的能量。作为比较，在像燃烧这样的化学反应中释放出的能量只具有每原子1电子伏的数量级。)大统一理论提出，在比这个更高的能量下，强相互作用就和弱电相互作用相统一，但是在更低的能量下存在自发对称破缺。

10^{15}吉电子伏能量远远超过目前的任何实验装置的范围。当代的粒子加速器能产生大约10吉电子伏的质心能量，而下一代会产生100吉电子伏左右。这对于研究根据温伯格-萨拉姆理论电磁力应和弱力统一的能量范围将是足够的，但是它还远远低于实现弱电相互作用和强相互作用被预言的统一的能量。尽管如此，在实验室中仍能检验大统一理论的一些低能下的预言。例如，理论预言质子不应是完全稳定的，它必须以大约10^{31}年的寿命衰减。现在这个寿命的实验的低限为10^{30}年，这应该可以得到改善。

另一个可观测的预言是宇宙中的重子光子比率。物理定律似乎对粒子和反粒子一视同仁。更准确地讲，如果粒子用反粒子来替换，右手征用左手征来替换，以及所有粒子的速度都反向，则物理定律不变。这被称作CPT定理，并且它是在任何合理的理论中都应该成立的基本假设的一个推论。然而地球，其实整个太阳系都是由质子和中子构成，而没有任何反质子或者反中子。的确，这种粒子和反粒子间的不平衡正是我们存在的另一个先决条件。因为如果太阳系由等量的粒子和反粒子所构成，它们会相互湮灭殆尽，而只遗留下辐射。我们可以从从未观测到这种湮灭辐射的证据得出结论，我们的星系完全是由粒子而不是由反粒子组成的。我们没有其他星系的直接证据，但是它们似乎很可能是由粒子构成的，而且在整个宇宙中存在粒子比反粒子的大约每10^8个光子一颗粒子的过量。人们可以采用人存原理对此进行解释，但是大统一理论实际上提供了一种可能的机制来解释这个不平衡。虽然所有相互作用似乎都在C（粒子用反粒子来取代），P（右手征改变成左手征）以及T（时间方向的反演）的联合作用下不变，人们已经知道，有些作用在T单独作用下不是不变。在早期宇宙，膨胀给出非常明显的时间箭头。这些相互作用产生的粒子就会比反粒子多。然而它们产生的数量太过依赖于模型，使得和观测的相符根本不能当作大统一理论的证实。

迄今为止的大部分努力是用于统一前三种物理相互作用，强核力、弱核力以及电磁力。第四种也就是最后一种的引力被忽略了。这么做的一个辩护理由是，引力是如此之微弱，以至于量子引力效应只有在粒子能量远远超过任何粒子加速器的能量下才会显著起来。另一种原因是，引力似乎是不可重正化的。人们为了得到有限的答案，就必须作无限个无限扣除，并相应地留下无限个不能确定的有限余量。然而，如果人们要得到完全统一的理论，就必须把引力包括进来。此外，广义相对论的经典理论预言，在时空中必须存在引力场在该处变成无限强大的奇性。这些奇性在过去发生在宇宙的现在膨胀的起点（大爆炸），在将来会发生在恒星甚至可能宇宙本身的引力坍缩之中。关于奇性的预言表明经典理论将会失效。然而，在引力场强到使量子引力效应变得重要以前，似乎没有理由认为它会失效。这样，为了描述早期宇宙并对初始条件给出有别于仅仅借助人存原理解释，量子引力论具有根本的重要性。

这样的一种理论对于回答如下问题也是不可或缺的：时间是否正如经典广义相对论所预言的那样，真的有起始而且可能有终结吗？抑或在大爆炸和大挤压处的奇性以某种方式被量子效应所抹平？当空间和时间结构本身必须服从不确定性原理时，这是个很难给出确切含义的问题。我个人的直觉是，奇性也许仍然存在，虽然人们在某种数学意义上可以把时间延拓并绕过这些奇点。然而，任何与意识或测量能力相关的主观时间概念都会到达终点。

获得量子引力论并和其他三类相互作用统一的前景如何呢？人们寄最大希望于把广义相对论推广到所谓的超引力。在这个框架中，携带引力相互作用的自旋为2的粒子，即引力子，可由所谓的超对称变换和其他一些具有更低自旋的场相关联。这种理论具有一个伟大的功绩，即它抛弃由半整数自旋粒子代表的“物质”和由整数自旋粒子代表的“相互作用”之间的古老的二分法。它还具有的伟大优点是，量子理论中产生的许多无穷大会相互抵消。它们是否完全抵消而给出一种不用做任何无限扣除的有限理论尚在未定之天。人们希望事情果真如此。因为可以证明，包含引力的理论要么是有限的，要么是不可重正化的，也就是说，如果人们要做任何无限扣除，那么你就要做无限个无限扣除，并且留下无限个相应的不能确定的余量。这样，如果在超引力中所有的无穷大都被相互抵消掉，我们就得到一种理论，它不仅完全统一了所有的粒子和相互作用，而且在不具有任何不确定的重正化参数的意义上是完备的。

尽管我们还没有一种合适的量子引力论，且不说把它和其他相互作用统一起来的理论，但是我们的确知道这种理论应有的某些特征。其中之一和引力影响时空的因果结构的事实相关，也就是引力决定哪些事件可以是因果相关的。黑洞便是广义相对论的经典理论中的一个例子。黑洞是时空的一个区域，这个区域中的引力场是如此之强大，以至于任何光线或者其他信号都被拖回到这个区域，而不能逃逸到外部世界去。黑洞附近的强大的引力场引起粒子反粒子对的创生，粒子对中的一颗粒子落进黑洞，而另一颗逃逸到无限远。逃逸的粒子看起来就像是从该黑洞发射出来的。远离黑洞的观察者就只能测量到发射出来的粒子，而且由于他不能观察到落到黑洞中去的粒子，所以不能把这两者相关联。这表明逃逸的粒子具有超越通常和不确定性原理关联的额外的随机性和不可预见性。在正常情况下，不确定性原理的含义是，对于一颗粒子人们要么能明确预言其位置，要么能明确预言其速度，要么能明确预言其位置和速度的某种组合。这样，粗略地讲，人们做明确预言的能力被减半了。但是在从黑洞发射粒子的情形，就人们不能观察在黑洞中会发生什么而言，人们既不能明确预言发射粒子的位置，也不能明确预言其速度。人们所能给出的一切只是以一定模式发射粒子的概率。

因此，即便我们找到了一种统一理论，我们似乎也只能作统计的预言。我们还必须抛弃只存在我们所观察的唯一宇宙的观点。相反地，我们必须采纳这样的一幅图像，存在所有可能的宇宙的系综，这些宇宙具有某种概率分布。这也许可以解释为什么宇宙在大爆炸时以一种几乎完美的热平衡的状态开始。这是因为热平衡对应于最大数目的微观形态，因此具有最大的概率。我们可以修正伏尔泰笔下的哲学家潘格洛斯[1] 的名言："我们生活在所有可以允许的最有可能的世界中。"

我们在不太远的将来找到一种完备的统一理论的前景如何呢？在我们每一次把自己的观测推广到更小尺度和更高能量时，我们总是发现了新的结构层次。20世纪初，具有3×10^{-2}电子伏典型能量的粒子的布朗运动表明，物体不是连续的，而是由原子所组成的。之后不久，人们发现原先以为看不见的原子是由绕着一个核的电子所构成，其能量为几电子伏。人们接着发现核子是由所谓的基本粒子质子和中子组成，它们由数量级为10^{6}电子伏的核键捆绑在一起。这个故事的最新插曲是，我们发现质子和中子是由夸克所组成，它们由能量为数量级10^{9}电子伏的键捆绑在一起。现在我们需要极其庞大的机器并花费大量金钱去进行结果不能预言的实验，理论物理在这条路上已经走得如此之远，真是令人不胜感慨。

我们过去的经验暗示，在越来越高的能量下也许存在结构层次的无限序列。这种盒子套盒子的无限层次正是中国在"文化大革命"时

---

1. 潘格洛斯（Pangloss）是伏尔泰小说《赣第德》中的人物，他是一名乐观主义的哲学家，经常使赣第德陷入困难境地。他的名言为："我们生活在所有可以允许的最好的世界中。"伏尔泰用他来影射卢梭。—— 译者注

期的正统说法。然而，引力似乎应提供一种极限，但那只是在10^{-33}厘米的非常短的距离尺度或者10^{28}电子伏的非常高的能量下。在比这更短的尺度下，人们预料时空行为不再像光滑的连续统那样，由于引力场的量子起伏，它会采取一种泡沫状的结构。

在我们现在大约为10^{10}电子伏的实验极限和10^{28}电子伏的引力截断之间还有一个广阔的待探索的区域。正如大统一理论那样，假设在这个巨大的区间只有一两个结构层次也许是天真的。然而，存在一些乐观的理由。至少在此刻情形似乎是，引力只能在某种超引力理论中可与其他的物理相互作用统一。这种理论只存在有限数目。尤其是存在一种最大的理论，即所谓的N=8的推广的超引力。它包括一种引力子，8种自旋为3/2的叫作引力微子的粒子，28种自旋为1的粒子，56种自旋为1/2的粒子，还有70种自旋为0的粒子。它们就是具有这么大的数目，还是不足以说明我们似乎在弱和强相互作用中观测到的所有粒子。例如，N=8的理论有28种自旋为1的粒子。这对于解释携带强相互作用的胶子以及携带弱相互作用的四种粒子中的两种已经足够，但是不能说明其余的两种。因此人们不得不相信，观测到的粒子中的许多或者大多数，例如胶子或者夸克，并不像它们此刻所显示的那样，不是真正基本的，它们是基本的N=8粒子的束缚态。如果我们基于目前的经济趋向作计划，在可见的将来甚或永远都不太可能拥有足够强大的加速器去检测这些复合结构。尽管如此，这些束缚态是从很好定义的N=8理论产生的事实，可让我们做一些预言，这些预言可以在现在或者最近的将来能够达到的能量上得到验证。这种情形和温伯格－萨拉姆的弱电统一理论很类似。尽管我们还没有达到弱电统一应该发生的能量，但它的低能预言和观测符合得这么好，所以人们现在已经广泛地接受了它。

关于描述宇宙的理论必定有某些非常奇异的东西。为什么这种理论得以实现，而其他理论只能存在于其发明者的头脑之中呢？N=8超引力理论确有一些非常独特之处。它似乎是满足以下条件的仅有的理论：

1.它在四维之中；

2.它把引力包括了进去；

3.它是有限的，不必进行任何无限扣除。

我已经指出过，如果我们要有一种没有参数的完备理论，第三种性质是不可缺少的。然而，不借助于人存原理就难以解释性质1和性质2。似乎存在满足性质1和性质3的，但是不包含引力的一种协调的理论。然而，在这样的一个宇宙中可能没有足够的吸引力使物质结成团，它对复杂结构的发展也许是必要的。时空为何是四维的通常被认为是物理学范畴之外的问题。然而人存原理也可以为此提供一个好的论证。三维的时空维数——我是说二维空间和一维时间——对于任何复杂有机体肯定是不够的。另一方面，如果空间维数超过三，围绕太阳公转的行星或者围绕原子核旋转的电子的轨道就变成不稳定，它们就会以螺旋的轨道向中心趋近。还存在时间维数比一更大的可能性，但是我本人发现这种宇宙难以想象。

迄今为止，我已隐含地假定存在一种终极理论，事情真的是这样的吗？至少存在三种可能性：

1.存在一种完备的统一理论。

2.不存在终极理论，但是存在理论的无限序列，只要采取这个理论之链的足够远的一环，就能对任何特定种类的观测作出预言。

3.不存在理论。超过某种程度之后，观测将不可描述或者预言，而只不过是任意的。

这第三种论断是作为和17、18世纪的科学家相对抗的观点提出的：他们怎么能提出定律来剥夺上帝改变主意的自由呢？尽管如此，他们这么做了，并且没有惹到什么麻烦。因为量子力学本质上是关于我们不知道和不能预言的事物的理论，所以现在我们已经把可能性3合并到这个框架中，从而有效地消除它了。

可能性2归结为在越来越高能量下的结构的无限序列的图像。正如我早先说过的，这似乎是不太可能的，因为人们预料在10^{28}电子伏的普朗克能量处有一个截断。这样只给我们留下可能性1。在此刻N=8超引力理论是在望的唯一候选者[1]。人们在几年之内可能会作一些关键的计算，其结果也许证明该理论不行。如果该理论经受了这些检验，似乎还需几年才能发展出计算方法使我们能做预言，才能解释宇宙的初始条件以及局部的科学定律。这些将是以后20多年内理论物理学家的突出的课题。但是在结束之前我愿提出一个小小的警告，也许给他们留下的时光比这个也多不了多少了。现在计算机是研究的

1.超引力理论似乎是具有性质1，2和3的唯一的粒子理论。但是在写完这篇文章后，人们把大量兴趣投注于所谓的超弦理论。像弦的小圈的广延的物体而非点粒子是这些理论的基本对象。它的思想是，我们觉得是粒子的东西实际上是圈上的一个振动。这些超弦理论似乎在低能极限下归结为超引力，但是从超弦理论抽取在实验上可检验的预言迄今只得到很少的成功。

好助手，但是它们必须服从人类的指挥。然而，如果人们夸大了它们当前的突飞猛进的速度，那么它们很可能会将理论物理完全取代。所以，如果不是理论物理已经接近尾声的话，便是理论物理学家的生涯快到尽头了。

第 8 章
爱因斯坦之梦[1]

20世纪初叶的两种新理论完全改变了我们有关空间和时间以及实在本身的思维方式。在超过75年后的今天，我们仍在探索它们的含义，试图把它们合并到描述宇宙万物的一种统一理论之中。这两种理论便是广义相对论和量子力学。广义相对论是处理空间和时间，以及它们在大尺度上如何被宇宙中的物质和能量弯曲或卷曲的问题。另一方面，量子力学处理非常小尺度的问题。其中包括了所谓的不确定性原理。该原理说，人们永远不可能同时准确地测量一颗粒子的位置和速度；你对其中一个量测量得越精密，则对另一个量测量得越不精密。永远存在一种不确定性或概率的因素，这就以一种根本的方式影响了物体在小尺度下的行为。爱因斯坦几乎是单独地创立了广义相对论，他在发展量子力学中起过重要的作用。他对后者的态度可以总结在"上帝不玩骰子"这句短语之中。但是所有证据表明，上帝是一位老赌徒，祂在每一种可能的场合掷骰子。

我将在这篇短文中阐述在这两种理论背后的基本思想，并说明爱因斯坦为什么这么不喜欢量子力学。我还将描述当人们试图把这两种

1. 这是1991年7月在东京日本电话电报资讯交流系统公司的模式会议上的讲演。

理论合并时似乎要发生的显著的事物。这些表明时间本身在大约150亿年前有一个开端，而且它在将来的某点会到达终结。然而，在另一种时间里，宇宙没有边界。它既不被创生，也不被消灭。它就是存在。

让我从相对论开始。国家法律只在一个国家内有效，但是物理定律无论是在英国、美国或者日本都是同样的。它们在火星和仙女座星系上也是相同的。不仅如此，不管你以任何速度运动定律都是一样的。定律在子弹列车或者喷气式飞机上和对站立在某处的某人是一样的。当然，甚至在地球上处于静止的某人事实上也正以大约每秒18.6英里（30千米）的速度绕太阳公转。太阳又是以每秒几百千米的速度绕着银河系公转，等等。然而，所有这种运动都不影响科学定律；它们对于一切观测者都是相同的。

这个和系统速度的无关性是伽利略首次发现的。他发展了诸如炮弹或行星等物体的运动定律。然而，在人们想把这个观测者速度无关性推广到制约光运动的定律时就产生了一个问题。人们在18世纪发现光从光源到观测者不是瞬息地传播的，它以大约为每秒186000英里（300000千米）的速度旅行。但是，这个速度是相对于什么而言的呢？似乎必须存在弥漫在整个空间的某种介质，光是通过这种介质旅行的。这种介质被称作以太。其思想是，光波以每秒186000英里的速度穿越以太旅行，这表明一位相对于以太静止的观测者会测量到大约每秒186000英里的光速，但是一位通过以太运动的观测者会测量到更高或更低的速度。尤其是人们相信，在地球绕太阳公转穿越以太时光速应当改变。然而，1887年迈克耳孙和莫雷进行的一次非常精细的实验指出，光速总是一样的。不管观测者以任何速度运动，他总是测量到每秒186000英里的光速。

这怎么可能是真的呢？以不同速度运动的观测者怎么会都测量到同样的速度呢？其答案是，如果我们通常的空间和时间的观念是对的，则他们不可能。然而，爱因斯坦在1905年写的一篇著名的论文中指出，如果观测者抛弃普适时间的观念，他们所有人就会测量到相同的光速。相反地，他们各自都有自己单独的时间，这些时间由各自携带的钟表来测量。如果他们相对运动得很慢，则由这些不同的钟表测量的时间几乎完全一致，但是如果这些钟表进行高速运动，则它们测量的时间就会有重大差别。比较地面的和商业航线上的钟表就实际上发现了这种效应，航线上的钟表比静止的钟表走得稍微慢一些。然而，对于正常的旅行速度，钟表速率的差别非常微小。你必须绕着地球飞4亿次，你的寿命才会被延长1秒钟；但是你的寿命却被所有那些航线的糟糕餐饮缩短得更多。

人们具有自己单独时间这一点，又何以使他们在以不同速度旅行时测量到同样的光速呢？光脉冲的速度是它在两个事件之间的距离除以事件之间的时间间隔。（这里事件的意义是在一个特定的时间在空间中单独的一点发生的某种事物。）以不同速度运动的人们在两个事件之间的距离上看法不会相同。例如，如果我测量在高速公路上奔驰的轿车，我会认为它仅仅移动了1千米，但对于在太阳上的某个人，由于当轿车在路上行走时地球移动了，所以他觉得轿车移动了1800千米。因为以不同速度运动的人测量到事件之间不同的距离，所以如果他们要在光速上相互一致，就必须也测量到不同的时间间隔。

爱因斯坦在1905所写的论文中提出的原始的相对论是我们现在称作狭义相对论的东西。它描述物体在空间和时间中如何运动。它显示出，时间不是和空间相分离的独自存在的普适的量。正如上下、左右和前后一样，将来和过去不如说仅仅是在称作时空的某种东西中的方向。你只能朝时间将来的方向前进，但是你能沿着和它夹一个小角度的方向前进。这就是为什么时间能以不同的速率流逝。

狭义相对论把时间和空间合并到一起，但是空间和时间仍然是事件在其中发生的一个固定的背景。你能够选择通过时空运动的不同途径，但是对于修正时空背景却无能为力。然而，当爱因斯坦于1915年提出了广义相对论后这一切都改变了。他引进了一种革命性的观念，即引力不仅仅是在一个固定的时空背景里作用的力。相反地，引力是由在时空中物质和能量引起的时空畸变。譬如炮弹和行星等物体要沿着直线穿越时空，但是由于时空是弯曲的、卷曲的，而不是平坦的，所以它们的路径就显得被弯折了。地球要沿着直线穿越时空，但是由太阳质量产生的时空曲率使它必须沿着一个圆圈绕太阳公转。类似地，光要沿着直线旅行，但是太阳附近的时空曲率使得从遥远恒星来的光线在通过太阳附近时被弯折。在通常情况下，人们不能在天空中看到几乎和太阳同一方向的恒星。然而在日食时，太阳的大部分光线被月亮遮挡了，人们就能观测到从那些恒星来的光线。爱因斯坦是在第一次世界大战期间孕育了他的广义相对论，那时的条件不适合于作科学观测。但是战争一结束，一支英国的探险队观测了1919年的日食，并且证实了广义相对论的预言：时空不是平坦的，它被在其中的物质和能量所弯曲。

这是爱因斯坦的伟大胜利。他的发现完全变革了我们思考空间和时间的方式。它们不再是事件在其中发生的被动的背景。我们再也不能把空间和时间设想成永远前进，而不受在宇宙中发生事件影响的东西。相反地，它们现在成为动力学的量，它们和在其中发生的事件相互影响。

质量和能量的一个重要性质是它们总是正的。这就是引力总是把物体相互吸引到一起的原因。例如，地球的引力把我们吸引向它，即便我们处于世界相对的两边。这就是为什么在澳大利亚的人不会从世界上掉落出去的原因。类似地，太阳引力把行星维持在围绕它公转的轨道上并且阻止地球飞向黑暗的星际空间。按照广义相对论，质量总是正的这个事实意味着，时空正如地球的表面那样向自身弯折。如果质量为负的，时空就会像一个马鞍面那样以另外的方式弯折。这个时空的正曲率反映了引力是吸引的事实。爱因斯坦把它看作重大的问题。那时人们广泛地相信宇宙是静止的，然而如果空间特别是时间向它们自身弯折回去的话，宇宙怎么能以多多少少和现在同样的状态永远继续下去？

爱因斯坦原始的广义相对论方程预言，宇宙不是膨胀便是收缩。因此爱因斯坦在方程中加上额外的一项，这些方程把宇宙中的质量和能量与时空曲率相关联。这个所谓的宇宙项具有引力的排斥效应。这样就可以用宇宙项的排斥和物质的吸引相平衡。换言之，由宇宙项产生的负时空曲率能抵消由宇宙中质量和能量产生的正时空曲率。人们以这种方式可以得到一个以同样状态永远继续的宇宙模型。如果爱因斯坦坚持他原先没有宇宙项的方程，他就会做出宇宙不是在膨胀便是在收缩的预言。直到1929年埃德温·哈勃发现远处的星系在离开我们而去之前，没人想到宇宙是随时间变化的。宇宙正在膨胀。后来爱因斯坦把宇宙项称作“我一生中最大的错误”。

但是不管有没有宇宙项，物质使时空向它自身弯折的事实仍然是一个问题，尽管其严重性没有被广泛认识。这里指的是物质可能把它所在的区域弯曲得如此厉害，以至于事实上把自己从宇宙的其余部分分隔开来。这个区域会变成所谓的黑洞。物体可以落到黑洞中去，但是没有东西可以逃逸出来。要想逃逸出来就得比光跑得更快，而这是相对论所不允许的，这样，黑洞中的物质就被俘获住，并且坍缩成某种具有非常高密度的未知状态。

爱因斯坦被这种坍缩的含义而深深困扰，并且拒绝相信这会发生。但是罗伯特·奥本海默在1939年指出，一颗具有大于太阳质量两倍的晚年恒星在耗尽其所有的燃料时会不可避免地坍缩。然后奥本海默受战争干扰，卷入到原子弹计划中，而失去对引力坍缩的兴趣。其他科学家更关心那种能在地球上研究的物理。关于宇宙远处的预言似乎不能由观测来检验，所以他们不信任。然而在20世纪60年代，天文观测无论在范围上还是在质量上都有了巨大的改善，使人们对引力坍缩和早期宇宙产生新的兴趣。直到罗杰·彭罗斯和我证明了若干定理之后，爱因斯坦广义相对论在这种情形下所预言的才清楚地呈现出来。这些定理指出，时空向它自身弯曲的事实表明，必须存在奇性，也就是时空具有一个开端或者终结的地方。它在大约150亿年前的大爆炸处有一个开端，而且，坍缩的恒星以及任何落入坍缩恒星留下的黑洞中的东西，将到达一个终点。

爱因斯坦广义相对论预言奇性的事实引起物理学的一场危机。把时空曲率和质量能量分布相关联的广义相对论方程在奇性处不能被定义。这表明广义相对论不能预言从奇性会冒出什么东西来。尤其是，广义相对论不能预言宇宙在大爆炸处应如何起始。这样，广义相对论不是一个完整的理论。为了确定宇宙应如何起始以及物体在自身引力下坍缩时会发生什么，需要一个附加的要素。

量子力学看来是这个必须附加的要素。1905年，也正是爱因斯坦撰写他有关狭义相对论论文的同一年，他还写了一篇有关被称为光电效应现象的论文。人们观测到当光射到某些金属上时会释放出带电粒子。使人迷惑的是，如果减小光的强度，发射粒子数随之减少，但是每个发射粒子的速度保持不变。爱因斯坦指出，如果光不像大家所假想的那样以连续变化的量，而是以具有确定大小的波包入射，则可以解释这种现象。光只能采取称为量子的波包形式的思想是由德国物理学家马克斯 · 普朗克在几年前提出的。它有点像人们不能在超级市场买到散装糖，只能买到一千克装的糖似的。普朗克使用量子的观念解释红热的金属块为什么不发出无限的热量。但是，他把量子简单地考虑成一种理论技巧，它不对应于物理实在中的任何东西。爱因斯坦的论文指出，你可以观察到单个的量子。每一颗发射出的粒子都对应于一颗打到金属上的光量子。这被广泛地认为是对量子理论的一个重要贡献，他因此而获得1922年的诺贝尔奖。（他应该因广义相对论而得奖，可惜空间和时间是弯曲的思想仍然被认为有太多的猜测和争议，所以他们因光电效应而颁奖给他，这并不是说，它本身不值得得奖。）

直到1925年，在威纳 · 海森伯指出光电效应导致精确测量一颗粒子的位置不可能后，它的含义才被充分认识到。为了看粒子的位置，你必须把光投射到上面。但是爱因斯坦指出，你不能使用非常少量的光；你至少要使用一个波包或量子。这个光的波包会扰动粒子并使它在某一方向以某一速度运动。你想把粒子的位置测量得越精确，你就要用越大能量的波包并且因此更厉害地扰动该粒子。不管你怎么测量粒子，其位置上的不确定性乘上其速度上的不确定性总是大于某个最小量。

这个海森伯的不确定性原理显示，人们不能精确地测量系统的态，所以就不能精确预言它将来的行为。人们所能做的一切是预言不同结果的概率。正是这种概率或随机因素使爱因斯坦大为困惑。他拒绝相信物理定律不应该对将来要发生的作出确定的、毫不含糊的预言。但是不管人们是否喜欢，所有证据表明，量子现象和不确定性原理是不可避免的，而且在物理学的所有分支中发生。

爱因斯坦的广义相对论是所谓的经典理论，也就是说，它不包含不确定性原理。所以人们必须寻求一种把广义相对论和不确定性原理结合在一起的新理论。这种新理论和经典广义相对论的差异在大多数情形下是非常微小的。正如早先提到的，这是因为量子效应预言的不确定性只是在非常小的尺度下，而广义相对论处理时空的大尺度结构。然而，罗杰·彭罗斯和我证明的奇性定理显示，时空在非常小的尺度下会变成高度弯曲的。不确定性原理的效应那时就会变得非常重要，而且似乎导致某些令人注目的结果。

爱因斯坦对量子力学和不确定性原理心存疑问的部分原因是由

下面的事实引起的：他习惯于系统具有确定历史的通常概念。一颗粒子不是处于此处便是处于他处。它不可能一半处于此处另一半处于他处。类似地，诸如航天员登上月球的事件要么发生了要么没有发生。它有点和你不能稍微死了或者稍微怀孕的事实相似。你要么是，要么不是。但是，如果一个系统具有单个确定的历史，则不确定性原理就导致各种悖论，譬如粒子同时在两处或者航天员只有一半在月亮上。

美国物理学家里查德·费恩曼提出了一种优雅的方法，从而避免了这些深深困扰爱因斯坦的悖论。费恩曼由于1948年的光的量子理论的研究而举世闻名。1965年他和另一位美国人朱里安·施温格以及日本物理学家朝永振一郎共获诺贝尔奖。但是，他和爱因斯坦一脉相承，是物理学家之物理学家。他讨厌繁文缛节。因为他觉得美国国家科学院花费大部分时间来决定其他科学家中何人应当选为院士，所以他就辞去院士位置。费恩曼死于1988年，他由于对理论物理的多方面贡献而英名长存。他的贡献之一即是以他命名的图，这几乎是粒子物理中任何计算的基础。但他更重要的贡献是对历史求和的概念。其思想是，一个系统在时空中不止有单个的历史，不像人们在经典非量子理论中通常假定的那样。相反地，它具有所有可能的历史。例如，考虑在某一时刻处于A点的一颗粒子。正常情形下，人们会假定该粒子从A点沿着一根直线离开。然而，按照对历史求和，它能沿着从A出发的任何路径运动。它有点像你在一张吸水纸上滴一滴墨水所要发生的那样。墨水粒子会沿着所有可能的路径在吸水纸上弥散开来。甚至在你为了阻断两点之间的直线而把纸切开一个缝隙时，墨水也会绕过切口的角落。

粒子的每一个路径或者历史都有一个依赖其形状的数与之相关。粒子从A走到B的概率可由将和所有从A到B粒子的路径相关的数叠加起来而得到。对于大多数路径，和邻近路径相关的数几乎被相互抵消。这样，它们对粒子从A走到B的概率的贡献很小。但是，直线路径的数将和几乎直线的路径的数相加。这样，对概率的主要贡献来自于直线或几乎直线的路径。这就是为什么粒子在通过气泡室时的轨迹看起来几乎是笔直的。但是如果你把某种像是带有一个缝隙的一堵墙的东西放在粒子的路途中，粒子的路径就会弥散到缝隙之外。在通过缝隙的直线之外找到粒子的概率可以很高。

1973年我开始研究不确定性原理对处在黑洞附近弯曲时空的粒子的效应。引人注目的是，我发现黑洞不是完全黑的。不确定性原理允许粒子和辐射以稳定的速率从黑洞漏出来。这个结果使我以及所有其他人都大吃一惊，一般人都不相信它。但是现在回想起来，这应该是显而易见的。黑洞是空间的一个区域，如果人们以低于光速的速度旅行就不可能从这个区域逃逸。但是费恩曼的对历史求和说，粒子可以采取时空中的任何路径。这样，粒子就可能旅行得比光还快。粒子以比光速更快的速度做长距离运动的概率很低，但是它可以以超光速在刚好够逃逸出黑洞的距离上运动，然后再以慢于光速的速度运动。不确定性原理以这种方式允许粒子从过去被认为是终极牢狱的黑洞中逃逸出来。对于一颗太阳质量的黑洞，因为粒子必须超光速运动几千米，所以它逃逸的概率非常低。但是可能存在在早期宇宙形成的小得多的黑洞。这些太初黑洞的尺度可以比原子核还小，而它们可有10亿吨的质量，也就是富士山那么大的质量。它们能发射出像一座大型电厂那么大的能量。如果我们能找到一个这样的小黑洞中并能驾驭其能量该有多好！可惜的是，在宇宙四周似乎没有很多这样的黑洞。

黑洞辐射的预言是把爱因斯坦广义相对论和量子原理结合的第一个非平凡的结果。它显示引力坍缩并不像过去以为的那样是死亡的结局。黑洞中粒子的历史不必在一个奇点处终结。相反地，它们可以从黑洞中逃逸出来，并且在外面继续它们的历史。量子原理也许表明，人们还可以避免在时间中有一个开端，也就是在大爆炸处的创生的一点的历史。

这是个更困难得多的问题。因为它牵涉到不仅把量子原理应用到给定时空背景中的粒子路径，而且应用到时间和空间的结构本身。人们需要做的是一种不仅对粒子的而且也对空间和时间的整个结构的历史求和的方法。我们还不知道如何恰当地进行这种求和，但是我们知道它应具有的某些特征。其中之一便是，如果人们处理在所谓的虚时间里，而不是在通常的实时间里的历史，那么求和就更容易些。虚时间是一个很难掌握的概念，它可能是我的书的读者觉得最困难的东西。我还由于使用虚时间而受到哲学家们猛烈的批评。虚时间和实在的宇宙怎么会相干呢？我以为这些哲学家没有从历史吸取教训。人们曾经一度认为地球是平坦的以及太阳绕着地球转动都是显而易见的，然而从哥白尼和伽利略时代开始，我们就得调整适应这种观念，即地球是球形的而且它绕太阳公转。类似地，长期以来时间对于每位观测者以相同速率流逝似乎是显而易见的，但是从爱因斯坦时代开始，我们就得接受，对于不同的观测者时间流逝的速率不同。此外，宇宙具有唯一的历史似乎是显然的，但是从发现量子力学起，我们就必须把宇宙考虑成具有任何可能的历史。我要提出，虚时间的观念也将是我们必须接受的某种东西。它和相信世界是球形的是同等程度的一个智慧的飞跃。在有教养的世界中平坦地球的信仰者已是寥寥无几。

你可以把通常的实的时间当成一根从左至右的水平线。左边代表早先，右边代表以后。但是你还可以考虑时间的另一个方向，也就是书页的上方和下方。这就是时间的所谓的虚的方向，它和实时间成直角。

引入虚时间的缘由是什么呢？人们为什么不只拘泥于我们理解的通常的实时间呢？正如早先所提到的，其原因是物质和能量要使时空向其自身弯曲。在实时间方向，这就不可避免地导致奇性，时空在这里到达尽头。物理学方程在奇点处无法定义，这样人们就不能预言会发生什么。但是虚时间方向和实时间成直角。这表明它的行为和在空间中运动的三个方向相类似。宇宙中物质引起的时空曲率就使三个空间方向和这个虚的时间方向绕到后面再相遇到一起。它们会形成一个闭合的表面，正如地球的表面那样。这三个空间方向和虚时间会形成一个自身闭合的时空，没有边界或者边缘。它没有任何可以叫作开端或者终结的点，正和地球的表面没有开端或者终结一样。

1983年詹姆·哈特尔和我提出，对于宇宙不能取在实时间中的历史的求和，相反地，它应当取在虚时间内的历史的求和，而且这些历史，正如地球的表面那样，自身必须是闭合的。因为这些历史不具有任何奇性或者任何开端或终结，在它们中会发生什么可完全由物理定律所确定。这表明在虚时间中发生的东西可被计算出来。而如果你知道宇宙在虚时间里的历史，你就能计算出它在实时间里如何行为。用这种方法，你可望得到一个完备的统一理论，它能预言宇宙中的一切。爱因斯坦把他的晚年献身于寻求这样的一种理论。因为他不相信量子力学，所以他没有寻找到。他不准备承认宇宙可以有许多不同的历史，正如在对历史求和中的那样。对于宇宙我们仍然不知道如何正确地对历史求和，但是我们能够相当肯定，它将牵涉到虚时间以及时空向自身闭合的思想。我认为，对于下一代人而言，这些思想将会像世界是球形的那么自然。虚时间已经成为科学幻想的老生常谈。但是它不仅是科学幻想或者数学技巧，它是某种使我们生活于其中的宇宙成形的某种东西。

第9章 宇宙的起源[1]

宇宙起源的问题有点像那个古老的问题：是先有鸡呢，还是先有蛋？换句话说，就是何物创生宇宙，又是何物创生该物呢？也许宇宙，或者创生它的东西永远存在，并不需要被创生。直到不久之前，科学家们还一直试图回避这样的问题，觉得它们与其说是属于科学，不如说是属于形而上学或宗教。然而，人们在过去几年发现，科学定律甚至在宇宙的开端也是成立的。在那种情形下，宇宙可以是自足的，并由科学定律所完全确定。

关于宇宙是否并如何起始的争论贯穿了整个有记载的历史。基本上存在两个思想学派。许多早期的传统，以及犹太教、基督教和伊斯兰教认为宇宙是在相当近的过去创生的。(17世纪时邬谢尔主教算出宇宙诞生的日期是公元前4004年，这个数目是由把在旧约圣经中人物的年龄加起来而得到的。)用以支持这个近世起源观点的事实，是人们认识到人类一直在文化和技术中进步。我们都记得那种业绩的首创者或者这种技术的发展者。于是，如此论证，即说明我们不可能存在了那么久；否则，我们应比目前更加先进。事实上，《圣经》的创世

1. 1987年6月在剑桥举行的为纪念牛顿《原理》出版300周年的“引力300年”会议上的讲演。

日期和上次冰河期的结束相差不多，而这似乎正是现代人类首次出现的时候。

另一方面，还有诸如希腊哲学家亚里士多德的一些人，他们不喜欢宇宙有个开端的思想。他们觉得这意味着神意的干涉。他们宁愿相信宇宙已经存在了并将继续存在无限久。不朽的东西比必须被创生的东西更加完美。他们对上述有关人类进步的诘难的回答是：周期性洪水或者其他自然灾难重复地使人类回到起始状态。

两种学派都认为，宇宙在根本上不随时间改变。它要么以现在形式创生，要么以今天的样子维持了无限久。这是一种自然的信念，由于人类生命——实际上整个有记载的历史——是如此之短暂，宇宙在此期间从未显著地改变过。在一个稳定不变的宇宙框架中，它是已经存在了无限久还是在有限的过去诞生，实在是一个形而上学或宗教的问题，任何一种理论都能对此作解释。1781年哲学家伊曼努尔·康德写了一部里程碑式的、非常模糊的著作《纯粹理性批判》。他在这部著作中得出结论，存在同样有效的论证证明宇宙有开端和宇宙没有开端的信念。正如他的书名所提示的，他是单纯地基于理性得出的结论；换句话说，就是根本不管宇宙的观测。毕竟也是，在一个不变的宇宙中，有什么可观测的呢？

然而在19世纪，证据开始逐渐积累起来，它表明地球以及宇宙的其他部分事实上是随时间而变化的。地质学家们意识到岩石以及其中的化石的形成需要几亿甚至几十亿年的时间。这比创生论者计算的地球年龄长得太多了。由德国物理学家路德维希·玻尔兹曼提出的所谓热力学第二定律还提供了进一步的证据，宇宙中的无序度的总量（它是由称为熵的量所测量的）总是随时间而增加。正如有关人类进步的论证，这暗示宇宙只能运行了有限的时间。否则的话，它现在应已退化到一种完全无序的状态，万物都处于相同的温度。

静态宇宙思想所遭遇的另一个困难是，根据牛顿的引力定律，宇宙中的每一颗恒星必须被其他每一颗恒星吸引。如果是这样的话，它们怎么能维持相互间的恒定距离，并且静止地停在那里呢？难道它们不落到一起吗？

牛顿晓得这个问题。在一封致当时一位主要哲学家里查德·本特里的信中，他同意这样的观点，即有限的一群恒星不可能静止不动，它们全部会落到某个中心点。然而，他论断道，一个无限的恒星集合不会落到一起，由于不存在任何可供它们落去的中心点。这种论证是人们在谈论无限系统时会遭遇的陷阱的一个例子。用不同的方法将从宇宙的其余的无限数目的恒星作用到每颗恒星的力加起来，会对恒星间是否维持恒常距离给出不同的答案。我们现在知道，正确的步骤是考虑恒星的有限区域，然后加上在该区域之外大致均匀分布的更多恒星。有限恒星的集合会落到一起，而按照牛顿定律，加上区域外更多的恒星不能阻止其坍缩。这样，一个恒星的无限集合不能处于静止不动的状态。如果它们在某一时刻不在做相对运动，它们之间的吸引力会使它们开始朝相互方向落去。另一种情形是，它们可能正在相互离开，而引力使这种退行速度降低。

尽管恒定不变的宇宙的观念具有这些困难，17、18、19甚至20世纪初期都没有人提出过，宇宙也许是随时间演化的，不管是牛顿还是爱因斯坦都失去了预言宇宙不是在收缩便是在膨胀的机会。因为牛顿生活在观测发现宇宙膨胀以前的250年，所以人们实在不能责备他。但是爱因斯坦应该知道得更好。他在1915年提出的广义相对论预言宇宙正在膨胀。但是他对稳恒宇宙是如此之执迷不悟，以至于要在理论中加上一个使之和牛顿理论相调和并用于抗衡引力的因素。

1929年埃德温·哈勃的宇宙膨胀的发现完全改观了宇宙起源的讨论。如果你把星系现在的运动往时间的过去方向倒推，它们在100亿和200亿年前之间的某一时刻似乎应该重叠在一起，在这个称为大爆炸奇点的时刻，宇宙的密度和时空的曲率应为无穷大。所有已知的科学定律在这种条件下都失效了。这对科学是一桩灾难。科学所能告诉我们的只是：宇宙现状之所以这样是因为它过去是那样。但是科学不能解释为何它在大爆炸后的那一瞬间是那个样子的。

这样，许多科学家对此结论感到不悦就毫不奇怪了。为了避免存在大爆炸奇点以及由此引起的时间具有开端的结论，人们进行了若干尝试。其中一种称为稳恒态理论。它的思想是，随着星系互相分离而去，由连续产生的物质在星系之间的空间中形成新的星系。这样宇宙就多多少少以今日这样的状态不但已经存在了，而且还将继续存在无限长时间。

为了使宇宙继续膨胀并创生新物质，稳恒态模型需要修改广义相对论。但是所需要的产生率非常低：大约为每年每立方千米一个粒子，这不会和观测相冲突。该理论还预言了，星系和类似物体的平均密度不但在空间上而且在时间上必须是常数。然而，由马丁·赖尔和他的剑桥小组进行的银河系外射电源的普查显示，弱源的数目比强源的数目多得多。人们可以预料，弱的源在平均上讲应是较遥远的。这样就存在两种可能性：或许我们正位于宇宙中的一个强源不如平均源频繁的区域；或者过去的源的密度更高，光线在离开这些源向我们传播时旅行了更遥远的距离。这两种可能性都无法和稳恒态理论相协调，因为该理论预言射电源密度不仅在空间上而且在时间上必须为常数。1964年阿诺·彭齐亚斯和罗伯特·威尔逊发现了比我们的银河系遥远得多的地方起源的微波辐射背景，这是对该理论的致命打击。它具有从一个热体发射出的辐射的特征谱，尽管在这种情形下热这个字根本不适合，因为其温度只不过比绝对零度高2.7开而已。宇宙是一个既寒冷又黑暗的地方！稳恒态理论中没有一种产生具有这种谱的微波的合理机制，所以稳恒态理论难逃被抛弃的命运。

1963年两位苏联科学家欧格尼·利弗席兹和艾萨克·哈拉尼科夫提出另一种思想，企图用来避免大爆炸奇性。他们说，只有当星系直接相互接近或离开时，它们才会在过去的一个单独的点上相重叠，才导致无限密度状态。可惜的是，星系还多少具有一些侧向速度，宇宙早期就可能存在过这样的一种收缩相，这时，星系虽然曾经非常靠近过，却能设法避免互相撞击。然后宇宙会继续重新膨胀，而不必通过一种无限密度的状态。

当利弗席兹和哈拉尼科夫提出其设想时，我正是一名研究生，亟须一个问题以完成博士论文。因为是否有过大爆炸奇点的问题对于理解宇宙的起源关系重大，所以它引起了我的兴趣。我和罗杰.彭罗斯一道发展了一套数学工具，用以处理这个以及类似的问题。我们指出，如果广义相对论是正确的，任何合理的宇宙模型都必须起始于一个奇点。这就表明，科学能够预言，宇宙必须有一个开端，但是它不能够预言宇宙应如何起始：正因为如此，人们必须求助于上帝。

审查人们对奇性看法的变化是十分有趣的。当我还是一名研究生时，几乎没人认真地看待它。现在，作为奇性定理的一个结果，几乎无人不信宇宙始于一个奇点，物理定律在那一点失效。然而，现在我认为，虽然存在奇点，物理定律仍能确定宇宙是如何起始的。

广义相对论是一种所谓的经典理论。就是说，它没有顾及这个事实：即粒子不具备精确确定的位置和速度，而是被量子力学的不确定性原理"抹平"在一个小范围内。不确定性原理不允许我们同时既测量位置又测量速度。因为在正常情形下时空的曲率在和粒子位置的不确定性相比较时非常大，这些对我们没什么影响。然而奇性定理指出，在现在的宇宙膨胀相的开端，时空被高度地畸变，并且具有很小的曲率半径。不确定性原理在这种情形下变成非常重要。这样，广义相对论因预言奇性而导致自身的垮台。为了讨论宇宙的开端，我们需要一种结合广义相对论和量子力学的理论。

那种理论便是量子引力论。我们尚未知道正确的量子引力论应采取的准确形式。我们此刻所拥有的最佳候选者是超弦理论，但它仍有许多未解决的困难。然而，人们可以期望，任何有前途的理论都应具有的某些特征。其中之一便是爱因斯坦的思想，引力效应由在其中的物质和能量弯曲甚至卷曲的时空来体现。物体在弯曲空间中沿着最接近于直线的轨迹运行。然而，由于时空是弯曲的，所以它们的路径就显得是弯折的，仿佛被引力场弯折了似的。

另一种在这个终极理论中可以预料的要素是里查德·费恩曼的设想，即量子理论可以表达成“对历史的求和”。该思想可以用最简单的形式表达成，每颗粒子在时间中走过任何可能的路径或历史。每一路径或历史具有依其形状而定的概率。为了使这种思想可行，人们必须考虑在虚时间里发生的历史，而不是在我们感觉生活于其中的实时间里发生的历史。虚时间听起来有点像是科学幻想的东西，其实它是定义得很好的数学概念。它在某种意义上可被认为是和实时间成直角的时间方向。人们把所有具有某种性质的粒子历史，譬如在某些时刻通过某些点的历史的概率加起来。然后应把这结果延拓到我们在其中生活的实的时空中去。这不是量子力学的最熟知的手段，但它给出和其他方法得到的相同结果。

在量子引力的情形下，费恩曼的对历史求和的思想牵涉到对宇宙的不同的可能的历史，也就是对不同的弯曲时空的求和。这些代表了宇宙和其中的任何东西的历史。人们必须指明，在对历史的求和中，应包括哪些种类的弯曲空间。这种空间种类的选取确定了宇宙处于什么状态。如果定义宇宙状态的弯曲空间种类包括具有奇性的空间，则该理论就不能确定这类空间的概率。相反地，它们必须以某种任意的方法被赋予概率。这意味着科学不能预言时空的这类奇性历史的概率。这样，它就不能预言宇宙应如何运行。然而，宇宙可能处于由只包括非奇性弯曲空间的求和所定义的状态。在这种情形下，科学定律就把宇宙完全确定，人们就不必吁求宇宙之外的某物来确定宇宙如何起始。

由只对非奇性历史的求和确定宇宙的状态有点像一名醉汉在灯柱之下找他的钥匙：这里也许不是他遗失之处，但是此处是他可能找到的仅有的地方。类似地，宇宙也许不处于由对非奇性历史求和定义的状态，但只有在这种状态下，科学才能预言宇宙应当是什么样子的。

1983年詹姆·哈特尔和我提出，宇宙的状态应由对一定种类历史的求和给出。这类历史由没有奇性的，而且具有有限尺度却没有边界或边缘的弯曲空间组成。它们像是地球的表面，只不过多了两维。地球的表面具有有限的面积，但是它不具有任何奇性、边界或边缘。我曾经用实验验证过这一点。我作过环球旅行，而没有落到外面去。

哈特尔和我所做的设想可被重述成：宇宙的边界条件是它没有边界。只有当宇宙处于这个无边界状态时，科学定律自身才能确定每种可能历史的概率。因此，只有在这种情形下，已知的定律才会确定宇宙应如何运行。如果宇宙处于任何其他的状态，则历史求和中的弯曲空间的种类就要包括具有奇性的空间。人们必须求助于已知科学定律以外的某种原理，才能确定这种奇性历史的概率。这种原理就会是外在于我们宇宙的某种东西。我们不能从我们宇宙之中将其推导出来。而另一方面，如果宇宙是处于无边界状态，在原则上，我们就能在不确定性原理容忍的限制之内完全确定宇宙应如何运行。

如果宇宙处于无边界状态，那对于科学而言就太好了，但是我们如何才能知道事情究竟是否如此呢？其答案是，无边界设想对宇宙应如何运行作出了明确的预言。如果这些预言不与观测相符合，则我们就能得出结论说，宇宙不处于无边界状态。这样，在哲学家卡尔·波普定义的意义上说，无边界设想是一种好的科学理论：它可被观测证伪。

如果观测与预言不相符合，我们就知道在可能历史的种类中必须有奇性。然而，这大致就是我们可以知道的一切。我们不能计算出这种奇性历史的概率，因此我们不能预言宇宙应如何运行，有人也许会认为，如果不可预见性只发生在大爆炸处，那不会太碍事，那毕竟是100亿或200亿年以前的事。但是，如果可预言性在大爆炸的非常强引力场中失效，那么只要恒星坍缩它也会失效。这种事件仅在我们的银河系中每周就会发生几次。我们的预言能力甚至按照天气预报的标准来说也是非常差劲的。

当然，人们还会说，我们根本不必在乎发生在一颗遥远恒星处的可预言性的失效。然而，在量子理论中任何不被实际上禁止的东西都能够并将要发生。这样，如果可能历史的种类中包括奇性空间的话，这些奇性可在任何地方发生，而不仅在大爆炸处以及坍缩星之中。这意味着，我们不能预言任何东西。反过来说，我们能够预言事件的这一事实是反对奇性并赞同无边界设想的实验证据。

那么无边界设想为宇宙做出什么预言呢？第一个预言是，因为宇宙的所有可能的历史在广延上都是有限的，所以人们用来作为时间测度的任何量都必须有一个最大值和一个最小值。这样宇宙就有一个开端和一个终结。在实时间中的开端即是大爆炸奇点。然而，在虚时间中这个开端就不再是奇点。相反地，它有点像地球的北极。如果人们把地球表面的纬度当作时间的类似物，则可以说地球的表面从北极开始。然而，北极是地球上完全普通的一点。它没有任何特殊之处，同样的定律在北极正如同在地球上的其他地方一样成立。类似地，我们用来标志作“在虚时间内宇宙的起始”的事件是时空中的一个通常的点，正如其他的点那样。科学定律在开端处正如在其他地方一样成立。

人们从和地球表面的类比，也许会预料到，正如北极和南极相似一样，宇宙的终结会和开端相类似。然而，南北两极是对应于虚时间中的宇宙历史的开端和终结。如果人们把对历史求和的结果从虚时间向实时间延拓，就会发现宇宙在实时间中的开端和它的终结可以非常不同。

约纳逊·哈里威尔和我对无边界条件的含义作过一个近似计算。我们把宇宙当作一个完全光滑和均匀的背景来处理，在这个背景上存在密度的小微扰。宇宙在实时间中从非常小的半径开始膨胀。最初的这种膨胀被称作暴胀：也就是说，宇宙尺度在比一秒还要短暂非常多的每一时间间隔中得到加倍，这正如在某些国家中每年物价都要加倍一样。第一次世界大战后的德国也许创下了通货膨胀的世界纪录，一捆面包的价格在几个月的时间内从少于1个马克涨到100万马克。但是没有任何东西可与似乎在极早期宇宙发生过的暴胀相比拟：宇宙尺度在一秒的极微小的部分时间内至少增加了100万亿亿亿倍。这当然是发生在当局政府之前的事。

暴胀在如下意义上来说，是件好事，它产生了一个在大尺度上光滑而均匀的宇宙，而且这个宇宙以刚好避免坍缩的临界速度膨胀。它还能在相当严格的意义上把宇宙的所有内容从无中创生出来，这是暴胀的又一好处。当宇宙像北极那样的一个单独点时，它不包含任何东西。然而，在我们可观测的宇宙部分至少有10^{80}颗粒子。所有这些粒子从何而来呢？其答案是，相对论和量子力学允许物质从能量中以粒子反粒子对的形式创生出来。那么能量又是从何而来以创生物质呢？其答案是，它是从宇宙的引力能中借来的。宇宙亏欠了极大数量的负引力能的债务，它刚好和物质的正能量相平衡。在暴胀时期宇宙从引力能借了巨债，用以负担更多物质的创生。其结果便是凯恩斯经济学的胜利：一个充满物质的、充满活力的、正在膨胀的宇宙。引力能的债务只有在宇宙终结时才能偿付清。

早期宇宙不能是完全均匀一致的，否则的话就会违反量子力学的不确定性原理。相反地，必须存在对均匀密度的一些偏差。无边界设想意味着，这些密度差别是从它们的基态开始；也就是说，它们是和不确定性原理相一致的尽可能的小。然而，这些差别在暴胀时被放大了。在暴胀时期结束之后，留下的宇宙是一些地方比另一些地方膨胀得稍快一些。在膨胀稍慢的区域，物质的引力吸引使膨胀进一步减慢。该区域最终会停止膨胀，并且收缩形成星系和恒星。这样，无边界设想可以解释我们四周看到的所有复杂结构。然而，它没有给宇宙作出单独的预言。相反地，它预言整整一族可能的历史，每一个历史都具有自己的概率。也许可能有这样的历史，工党在上次英国竞选中取胜，虽然这种概率很小。

无边界设想对于上帝在宇宙事务中的作用含义极其深远。人们现在广泛接受，宇宙按照定义很好的定律演化。这些定律可能是上帝钦定的，但是祂似乎不干涉宇宙去违反这些定律。然而，直到不久以前，人们都认为这些定律不能适用于宇宙的开初。那就要依赖上帝去旋紧发条，并让宇宙顺着祂的意愿去运行。这样，宇宙的现状是上帝对初始条件选择的结果。

然而，如果某种像无边界设想的东西是正确的话，则情况就大大改观。在那种情形下，物理定律甚至也适用于宇宙的开端，这样上帝就没有选取初始条件的自由。当然祂在选取宇宙要服从的定律上仍然具有自由。然而，这里并没有许多选择的余地。也许只存在很少数目的定律，这些定律是自洽的，并能导致像我们自己这么复杂的生物的存在，并能询问什么是上帝的本性。

甚至即使只存在唯一的一族可能的定律，它也只不过是一族方程。究竟是什么东西将生命之火赋予这些方程，使之产生一个受它们制约的宇宙呢？难道终极的统一理论是如此之咄咄逼人，以至于其自身的实现成为不可避免？虽然科学能解决宇宙如何起始的课题，它仍然无法回答这个问题：为何宇宙要在乎其存在？我对此没有答案。

第10章 黑洞的量子力学[1]

20世纪的最初30年出现了三种理论，它们激烈地改变人们对物理和实在本身的观点。物理学家们仍然在探讨它们的含义并尝试把它们协调在一起。这三种理论是狭义相对论（1905年）、广义相对论（1915年）以及量子力学理论（大约1926年）。阿尔伯特·爱因斯坦是第一种理论的主要创建者，是第二种理论的独立创建者，并且在第三种理论的发展中起过重要的作用。因为量子力学具有随机和不确定性的因素，所以爱因斯坦从未接受它。他的态度可用他经常被引用的“上帝不玩骰子”的陈述来总结。然而，由于不管是狭义相对论还是量子力学都能够描述可被直接观察的效应，所以绝大多数物理学家欣然同意并且接受它们。而另一方面，由于广义相对论似乎在数学上过于复杂，不能在实验室中得到检验，而且是似乎不能和量子力学相协调的纯粹经典的理论，所以它在大部分场合没有受到理会。这样，在几乎半个世纪的岁月里，广义相对论一直处于沉闷的状态。

从20世纪60年代初开始的天文观测的伟大进展，发现了许多新现象，诸如类星体、脉冲星和致密的X射线源。这一切表明非常强大

---

1. 1977年1月发表在《科学美国人》上。

的引力场的存在，这种引力场只能由广义相对论来描述，所以对广义相对论的经典理论的兴趣又被重新唤起。类星体是和恒星相似的物体，如果它们处于由它们的光谱的红化所标志的那么遥远的地方，则必须比整个星系还要亮好几倍；脉冲星是超新星爆发后快速闪耀的残余物，它被认为是超密度的中子星；致密的X射线源是由外太空飞行器上的仪器揭示的，也可能还是中子星或者是具有更高密度的假想的物体，也就是黑洞。

物理学家在把广义相对论应用到这些新发现的或者假想的物体时，所要面临的一个问题是，要使它和量子力学相协调。在过去的几年中有了一些发展，使人们产生了一些希望，不必等太久的时间我们将获得一种完全协调的量子引力论，这种理论对于宏观物体和广义相对论相一致，而且可望避免那种长期折磨其他量子场论的数学的无穷大。这些发展牵涉到最近发现的和黑洞相关的某些量子效应，它们为在黑洞和热力学定律之间提供了令人注目的连结。

让我简述一下黑洞是如何产生的。想象一颗具有10倍太阳质量的恒星。在大约10亿年寿命的大部分时间里，恒星在其中心把氢转化成氦而产生热。释放出的能量会产生足够的压力，以支持恒星抵抗自身的引力，这就产生了半径约为太阳半径5倍的物体。这种恒星表面的逃逸速度大约是每秒1000千米。也就是说，一个以小于每秒1000千米的速度从恒星表面点火垂直上升的物体，会被恒星的引力场拖回表面，而具有更大速度的物体会逃逸到无限远。

当恒星耗尽其核能时，那就没有东西可维持其向外的压力，恒星就由于自身的引力开始坍缩。随着恒星收缩，表面上的引力场就变得越来越强大，而逃逸速度就会增加。当恒星的半径缩小到30千米，其逃逸速度就增加到每秒30万千米，也就是光的速度。从此以后，任何从该恒星发出的光都不能逃逸到无限远，而只能被引力场拖曳回来。根据狭义相对论，没有东西可比光跑得更快。这样，如果光都不能逃逸，别的东西就更不可能。

其结果就是一颗黑洞：这是时空的一个区域，从这个区域不可能逃逸到无限远。黑洞的边界被称作事件视界。它对应于从恒星发出的刚好不能逃逸到无限远的，而只能停留在施瓦兹席尔德半径处徘徊的光线的波前。施瓦兹席尔德半径为$2GM/\sqrt{c}$，这里G是牛顿引力常数，M是恒星质量，而c是光速。对于具有大约10倍太阳质量的恒星，其施瓦兹席尔德半径大约为30千米。

现在有了相当好的观测证据暗示，在诸如天鹅X-1的X射线源的双星系统中存在大约这个尺度的黑洞。也许还有相当数目的比这小得多的黑洞散落在宇宙之中。它们不是由恒星坍缩形成的，而是在炽热的高密度介质的被高度压缩区域的坍缩中产生的。人们相信在宇宙起始的大爆炸之后不久存在这样的介质。这种“太初”黑洞对我将在这里描述的量子效应具有重大的意义。一颗重10亿吨（大约一座山的质量）的黑洞具有10^{-13}厘米的半径（一颗中子或质子的尺度）。它也许正绕着太阳或者绕着银河系中心公转。

1970年的数学发现是在黑洞和热力学之间可能有联系的第一个线索。它是说事件视界，也就是黑洞边界的表面积具有这样的性质，当额外的物质或者辐射落进黑洞时它总是增加。此外，如果两颗黑洞碰撞并且合并成一颗单独的黑洞，围绕形成黑洞的事件视界的面积比分别围绕原先两颗黑洞的事件视界的面积的和更大。这些性质暗示，在一颗黑洞的事件视界面积和热力学的熵概念之间存在某种类似。熵可被认为是系统无序的量度，或等价地讲，是对它精确状态的知识的缺失。著名的热力学第二定律说，熵总是随时间而增加。

华盛顿大学的詹姆斯·巴丁，现在任职于莫尔顿天文台的布兰登·卡特和我推广了黑洞性质和热力学定律之间的相似性。热力学第一定律说，一个系统的熵的微小改变伴随着该系统的能量成比例地改变。这个比例因子叫作系统的温度。巴丁、卡特和我发现了把黑洞质量改变和事件视界面积改变相联系的一个类似的定律。这里的比例常数牵涉到称为表面引力的一个量，它是引力场在事件视界的强度的测度。如果人们接受事件视界的面积和熵相类似，那么表面引力似乎就和温度相类似。可以证明，在事件视界上所有点的表面引力都是相等的，正如同处于热平衡的物体上的所有地方具有相同的温度。这个事实更加强了这种类比。

虽然在熵和事件视界面积之间很明显地存在着相似性，对于我们来说，如何把面积认定为黑洞的熵仍然不是显然的。黑洞的熵是什么含义呢？1972年雅各布·柏肯斯坦提出了关键的建议。他那时是普林斯顿大学的一名研究生，现在任职于以色列的涅吉夫大学。可以这么进行论证。由于引力坍缩而形成一颗黑洞，这颗黑洞迅速地趋向于一种稳定态，这种态只由三个参数来表征：质量、角动量和电荷。这个结论即是著名的“黑洞无毛定理”。它是由卡特、阿尔伯特大学的威纳·伊斯雷尔、伦敦国王学院的大卫·C.罗宾逊和我共同证明的。

无毛定理表明，大量信息在引力坍缩中被损失了。例如，最后的黑洞状态和坍缩物体是否由物质或者反物质组成，以及它在形状上是球形还是高度不规则形都没有关系。换言之，一颗给定质量、角动量以及电荷的黑洞可由物质的大量不同形态中的任何一种坍缩形成。的确，如果忽略量子效应的话，由于黑洞可由无限大数目的具有无限小质量的粒子云的坍缩形成，所以形态的数目是无限的。

然而，量子力学的不确定性原理表明，一颗质量为m的粒子的行为正像一束波长为h/mc的波，这里h是普朗克常数（一个值为6.62×10^{-27}尔格·秒的小数），而c是光速。为了使一堆粒子云能够坍缩形成一颗黑洞，其波长似乎必须小于它所形成黑洞的尺度。这样，能够形成给定质量、角动量和电荷的黑洞的形态数目虽然非常巨大，却可以是有限的。柏肯斯坦建议，可把这个数的对数解释成黑洞的熵。这个数的对数是在黑洞诞生时在坍缩通过事件视界之际的不可挽回地丧失的信息量的测度。

柏肯斯坦的建议中含有一个致命的毛病，如果黑洞具有和它的事件视界面积成比例的熵，它就还应该具有有限的温度，该温度必须和它的表面引力成比例。这就意味着黑洞能和具有不为零温度的热辐射处于平衡。然而，根据经典概念，黑洞会吸收落到它上面的任何热辐射，而不能发射任何东西作为回报，所以这样的平衡是不可能的。

直到1974年初，当我根据量子力学研究物质在黑洞邻近的行为时，这个迷惑才得到解决。我非常惊讶地发现，黑洞似乎以恒定的速率发射出粒子。正如当时的所有人一样，我接受黑洞不能发射任何东西的正统说法。所以我付出了相当大的努力试图摆脱这个令人难堪的效应。它拒不退却，所以我最终只好接受之。最后使我信服它是一个真正的物理过程的是，飞出的粒子具有准确的热谱。黑洞正如同通常的热体那样发生和发射粒子，这热体的温度和黑洞的表面引力成比例并且和质量成反比。这就使得柏肯斯坦关于黑洞具有有限的熵的建议完全协调，因为它意味着能以某个不为零的有限温度处于热平衡。

从此以后，其他许多人用各种不同的方法确证了黑洞能热发射的数学证据。以下便是理解这种辐射的一种方法。量子力学表明，整个空间充满了“虚的”粒子反粒子对，它们不断地成对产生、分开，然而又聚到一块并互相湮灭。因为这些粒子不像“实的”粒子那样，不能用粒子加速器直接观测，所以被称作虚的。尽管如此，可以测量它们的间接效应。由虚粒子在受激氢原子发射的光谱上产生的很小位移（兰姆位移）证实了它们的存在。现在，在黑洞存在的情形，虚粒子对中的一个成员可以落到黑洞中去，留下来的另一个成员就失去可以与之相湮灭的配偶。这被背弃的粒子或者反粒子，可以跟随其配偶落到黑洞中去，但是它也可以逃逸到无限远去，在那里作为从黑洞发射出的辐射而出现。

另一种看待这个过程的方法是，把落到黑洞中去的粒子对的成员，譬如反粒子，考虑成真正地在向时间的过去方向旅行的一颗粒子。这样，这颗落入黑洞的反粒子可被认为是从黑洞跑出来但向时间过去旅行的一颗粒子。当粒子到达原先粒子反粒子对实体化的地方，它就被引力场散射，这样就使它在时间前进的方向旅行。

因此，量子力学允许粒子从黑洞中逃逸出来，这是经典力学不允许的事。然而，在原子和核子物理学中存在许多其他的场合，有一些按照经典原理粒子不能逾越的壁垒，按照量子力学原理的隧道效应可让粒子通过。

围绕一颗黑洞的壁垒厚度和黑洞的尺度成比例。这表明非常少粒子能从一颗像假想在天鹅X-1中存在的那么大的黑洞中逃逸出来，但是粒子可以从更小的黑洞迅速地漏出来。仔细的计算表明，发射出的粒子具有一个热谱，其温度随着黑洞质量的减小而迅速增高。对于一颗太阳质量的黑洞，其温度大约只有绝对温度的千万分之一度。宇宙中的辐射的一般背景把从黑洞出来具有那种温度的热辐射完全淹没了。另一方面，质量只有10亿吨的黑洞，也就是尺度大约和质子差不多的太初黑洞，会具有大约1200亿开的温度，这相当于1000万电子伏的能量。处于这等温度下的黑洞会产生电子正电子对以及诸如光子、中微子和引力子（引力能量的假想的携带者）的零质量粒子。太初黑洞以60亿瓦的速率释放能量，这相当于6个大型核电厂的输出。

随着黑洞发射粒子，它的质量和尺度就稳恒地减小。这使得更多粒子更容易穿透出来，这样发射就以不断增加的速度继续下去，直到黑洞最终把自己发射殆尽。从长远看，宇宙中的每个黑洞都将以这个方法蒸发掉。然而对于大的黑洞它需要的时间实在是太长了，具有太阳质量的黑洞会存活10^{66}年左右。另一方面，太初黑洞应在大爆炸迄今的100亿年间几乎完全蒸发掉，正如我们所知的，大爆炸是宇宙的起始。这种黑洞现在应发射出能量大约为1亿电子伏的硬伽马射线。

当·佩奇和我在SAS-2卫星测量伽马辐射宇宙背景的基础上计算出，宇宙中的太初黑洞的平均密度必须小于大约每立方光年200颗。那时当·佩奇在加州理工学院。如果太初黑洞集中于星系的“晕”中，它在银河系中的局部密度可以比这个数目高100万倍，而不是在整个宇宙中均匀地分布。晕是每个星系都要嵌在其中的稀薄的快速运动恒星的薄云。这意味着最邻近地球的太初黑洞可能至少在冥王星那么远。

黑洞蒸发的最后阶段会进行得如此快速，以至于它会在一次极其猛烈的爆发中终结。这个爆发的激烈程度依赖于有多少不同种类的基本粒子。如果正如现在广为相信的，所有粒子都是由也许6种不同的夸克构成，则最终的爆炸会具有和大约1000万颗百万吨氢弹相等的能量。另一方面，日内瓦欧洲核子中心的H.哈格登提出了另一种理论。他论断道，存在质量越来越大的无限数目的基本粒子。随着黑洞变得越小越热，它就会发射出越来越多不同种类的粒子，就会产生比按照夸克假定计算的能量大10万倍的爆炸。因此，观测黑洞爆发可为基本粒子物理提供非常重要的信息，这也许是用任何其他方式不能得到的信息。

一次黑洞爆发会倾注出大量的高能伽马射线。虽然可以用卫星或者气球上的伽马射线探测器观测它们，但要送上一台足够大的探测器，使之有相当的机会拦截到来自于一次爆炸的不少数量的伽马射线光子，是很困难的。使用航天飞机在轨道上建立一个大的伽马射线探测器是一种可能性。把地球的上层大气当成一台探测器是另外一种更容易也更便宜的做法。穿透大气的高能伽马射线会产生电子正电子暴，它们在大气中的初速度比大气中的光速还快。(光由于和空气分子相互作用而减慢下来。)这样，电子和正电子将建立起一种声暴，或者是电磁场中的冲击波。这种冲击波叫作切伦科夫辐射，能以可见光闪烁的形式从地面上观测到它。

都柏林大学学院的奈尔·A. 波特和特勒伏·C. 威克斯的一个初步实验指出，如果黑洞按照哈格登理论预言的方式爆炸，则在我们银河系的区域中只有少于每世纪每立方光年两次的黑洞爆发。这表明太初黑洞的密度小于每立方光年1亿颗。我们有可能极大地提高这类观测的灵敏度。即便没有得到太初黑洞的任何肯定的证据，它们仍然是非常有价值的。观测结果在这种黑洞的密度上设下一个低的上限，表明早期宇宙必须是光滑和安宁的。

大爆炸和黑洞爆炸相类似，只不过是在一个极大的尺度范围内而已。所以人们希望，理解黑洞如何创生粒子将导致类似地理解大爆炸如何创生宇宙中的万物。在1颗黑洞中，物质坍缩并且永远地损失掉，但是新物质在该处创生。所以事情也许是这样的，存在宇宙更早的一个相，物质在大爆炸处坍缩并且重新创生出来。

如果坍缩并形成黑洞的物质具有净电荷，则产生的黑洞将携带同样的电荷。这意味着该黑洞喜欢吸引虚粒子反粒子对中带相反电荷的那个成员，而排斥带相同电荷的成员。因此，黑洞优先地发射和它同性的带电粒子，从而迅速地丧失其电荷。类似地，如果坍缩物质具有净角动量，产生的黑洞便是旋转的，并且优先地发射携带走它角动量的粒子。由于坍缩物质的电荷、角动量和质量与长程场相耦合：在电荷的情形和电磁场耦合，在角动量和质量的情形和引力场耦合，所以黑洞“记住”了这些参数，而“忘记”了其他的一切。

普林斯顿大学的罗伯特·H. 狄克和莫斯科国立大学的弗拉基米尔·布拉津斯基进行的实验指出，不存在和命名为重子数的量子性质相关的长程场。（重子是包括质子和中子在内的粒子族。）因此由一群重子坍缩形成的黑洞会忘掉它的重子数，并且发射出等量的重子和反重子。所以，当黑洞消失时，它就违反了粒子物理的最珍贵定律之一，重子守恒定律。

虽然为了和柏肯斯坦关于黑洞具有有限熵的假设协调，黑洞必须以热的方式辐射，但是粒子产生的仔细量子力学计算引起带有热谱的发射，初看起来似乎完全是一桩奇迹。这可以解释成，发射的粒子从黑洞的一个外界观测者除了它的质量、角动量和电荷之外对之毫无所知的区域穿透出来。这意味着具有相同能量、角动量和电荷的发射粒子的所有组合或形态都是同等可能的。的确，黑洞可能发射出一台电视机或者十卷皮面包装的《蒲鲁斯特[1] 全集》，但是对应于这些古怪可能性的粒子形态的数目极端接近于零。迄今最大数目的形态是对应于几乎具有热谱的发射。

黑洞发射具有超越通常和量子力学相关的额外的不确定性或不可预言性。在经典力学中人们既可以预言粒子位置，又可以预言粒子

1. 蒲鲁斯特（Marcel Proust）是法国19世纪和20世纪之交的小说家。——译者注

速度的测量结果。量子力学的不确定性原理讲，只能预言这些测量中的一个，观察者能预言要么位置要么速度的测量结果，不能同时预言两者。或者他能预言位置和速度的一个组合的测量结果。这样，观察者作明确预言的能力实际上被减半了。有了黑洞情形就变得更坏。由于被黑洞发射出的粒子来自于观察者只有非常有限知识的区域，他不能明确预言粒子的位置或者速度或者两者的任何组合；他所能预言的一切是某粒子被发射的概率。所以这样看来，爱因斯坦在说“上帝不玩骰子”时，他是双重地错了。考虑到从黑洞发射粒子，似乎暗示着上帝不仅玩弄骰子，而且有时把它们扔到看不见的地方。

第 11 章
黑洞和婴儿宇宙[1]

落到黑洞中去已成为科学幻想中的恐怖一幕。现在黑洞已在事实上被说成是科学的现实，而非科学的幻想。正如我所要描述的，我们已有很强的理由预言黑洞必然存在。观测证据强烈地显示，在我们自身的银河系中有些黑洞，而在其他星系中则更多。

当然，科学幻想作家真正做到家的是，描述你掉到一颗黑洞中去将会发生什么。不少人认为，如果黑洞在旋转的话，你便可穿过时空的一个小洞而到宇宙的另一个区域去。这显然产生了空间旅行的巨大可能性。如果我们要想到别的恒星，且不说到别的星系旅行在未来成为现实，这的确是我们梦寐以求的东西。否则的话，没有东西可比光旅行得更快的这一事实意味着，往返最邻近的恒星至少也需要8年时间。这就是到半人马座 α 星度周末所需要的时间！另一方面，如果人们能穿过一颗黑洞，就可在宇宙中的任何地方重新出现。怎么选取你的目的地还不很清楚，最初你也许想到处女座度假，而结果却到了蟹状星云。

---

1. 这是1988年4月在伯克莱的加利福尼亚大学的希奇科克的讲演。

非常遗憾地我要让未来的星系旅行家们失望了，这个场景是行不通的。如果你跳进一颗黑洞，就会被撕得粉碎。然而，在某种意义上，构成你身体的粒子会继续跑到另一个宇宙中去。我不清楚，某个在黑洞中被压成意大利面条的人，如果得知他的粒子也许能存活的话，是否对他是很大的安慰。

尽管我在这里采用了稍微轻率的语气，这篇讲演却是基于可靠的科学作为根据。我在这里讲的大部分现在已得到在这个领域作研究的其他科学家的赞同，尽管这是发生在新近的事。然而，这篇讲演的最后部分是根据还没有达成共识的最近的工作。但是这个工作引起了巨大的兴趣和激动。

虽然我们现在称作黑洞的概念可以回溯到200多年前，但是黑洞这个名字是晚到1967年才由美国物理学家约翰·惠勒提出来的。这真是一项天才之举：这个名字本身就保证黑洞进入科学幻想的神秘王国。为原先没有满意名字的某种东西提供确切的名字也刺激了科学研究。在科学中不可低估好名字的重要性。

就我所知，首先讨论黑洞的是一位名叫约翰·米歇尔的剑桥人，他在1783年写了一篇有关的论文。他的思想如下：假设你在地球表面上向上点燃一颗炮弹。在它上升的过程中，其速度由于引力效应而减慢。它最终会停止上升而落回到地球上。然而，如果它的初速度大于某个临界值，它将永远不会停止上升并落回来，而是继续向外运动。这个临界速度称为逃逸速度。地球的逃逸速度大约为每秒7英里，太阳的逃逸速度大约为每秒100英里。这两个速度都比实际炮弹的速度大，但是它们比起光速来就太小了，光速是每秒186000英里。这表明引力对光的影响甚微，光可以毫无困难地从地球或太阳逃逸。可是，米歇尔推论道，也许可能有这样的一颗恒星，它的质量足够大而尺度足够小，这样它的逃逸速度就比光速还大。因为从该恒星表面发出的光会被恒星的引力场拉曳回去，所以它不能到达我们这里，因此我们不能看到这颗恒星。然而，我们可以根据它的引力场作用到附近物体上的效应检测到它的存在。

把光当作炮弹处理是不自洽的。根据在1897年进行的一项实验，光线总是以恒常速度旅行。那么引力怎么能把光线减慢呢？直到1915年爱因斯坦提出广义相对论后，人们才有了引力对光线效应的自洽理论。尽管如此，直到20世纪60年代，人们才广泛意识到这个理论对老的恒星和其他大质量物体的含义。

根据广义相对论，空间和时间一起被认为形成称作时空的四维空间。这个空间是不平坦的；它被在它当中的物质和能量所畸变或者弯曲。在向我们传来的光线或者无线电波于太阳附近受到的弯折中可以观测到这种曲率。在光线通过太阳邻近的情形时，这种弯折非常微小。然而，如果太阳收缩到只有几英里的尺度，这种弯折就会厉害到这种程度，即从太阳表面发出的光线不能逃逸出来，它被太阳的引力场拉曳回去。根据相对论，没有东西可以比光旅行得更快，这样就存在一个任何东西都不能逃逸的区域。这个区域就叫作黑洞。它的边界称为事件视界。它是由刚好不能从黑洞逃出而只能停留在边缘上徘徊的光线形成的。

假定太阳能收缩到只有几英里的尺度，听起来似乎是不可思议的。人们也许认为物质不可能被压缩到这种程度。但是在实际上这是可能的。

太阳具有现有的尺度是因为它是这么热。它正在把氢燃烧成氦，如同一颗受控的氢弹。这个过程中释放出的热量产生了压力，这种压力使太阳能够抵抗得住自身引力的吸引，正是这种引力使得太阳尺度变小。

然而，太阳最终会耗尽它的核燃料。这要发生也是在再过大约50亿年以后的事，所以不必焦急订票飞到其他恒星去。然而，具有比太阳更大质量的恒星会更迅速地耗尽其燃料。在燃料用尽后就开始失去热量并且收缩。如果它们质量大约比太阳质量的两倍还小，就最终会停止收缩，并且趋向于一种稳定的状态。这样的状态之一叫作白矮星。它们具有几千英里的半径和每立方英寸几百吨的密度。另一种这样的状态是中子星。它们具有大约10英里的半径和每立方英寸几百万吨的密度。

在银河系我们紧邻的区域观察到大量的白矮星。然而，直到1967年约瑟琳·贝尔和安东尼·赫维许在剑桥才首次观测到中子星。那时他们发现了称作脉冲星的发出射电波规则脉冲的物体。最初，他们惊讶是否和外星文明进行了接触。我的确记得，在他们要宣布其发现的房间里装饰了“小绿人”的图样。然而，他们和所有其他人最后只能得出不太浪漫的结论，这些物体原来是旋转的中子星。对于写太空西部人的作家，这是个坏消息，而对于我们这些当时相信黑洞的少数人，却是个好消息。如果恒星能缩小到10—20英里的尺度，而变成中子星，人们便可以预料，其他恒星能进一步收缩而变成黑洞。

质量大约比太阳质量两倍更大的恒星不能稳定成为一颗白矮星或中子星。在某种情形下，该恒星可以爆炸，并抛出足够的质量，使余下的质量低于这个极限。但是总有例外。有些恒星会变得这么小，它们的引力场会把光线弯折到这种程度，使它折回到恒星本身上去。不管是光线还是别的任何东西都不能逃逸出来。该恒星已经变成为一颗黑洞。

物理定律是时间对称的。如果存在东西能落进去而不能跑出来的叫作黑洞的物体，那就还应该存在东西能跑出来而不能落进去的其他物体。人们可以把这些物体叫作白洞。人们可以猜测，一个人可以在一处跳进一颗黑洞，而在另一处从一颗白洞跑出来。这应是早先提到长距离空间旅行的理想手段。你所需要做的一切是去寻找一颗邻近的黑洞。

这种形式的空间旅行初看起来是可能的。爱因斯坦的广义相对论中存在这类解，它允许人往一颗黑洞落进再从一颗白洞跑出来。然而，后来的研究表明，所有这些解都是非常不稳定的：最为微小的扰动，譬如空间飞船的存在都会把这个“虫洞”即从黑洞到白洞的通道消灭。空间飞船会被无限强大的力量撕得粉碎。这正如同躲藏在大桶里从尼亚加拉瀑布漂下去一样。

这样一来，旅行似乎没希望了。黑洞也许可以用来摆脱垃圾甚至人们的某些朋友。但它们是“旅行者有去无归的国度”。然而，我到此为止所说的一切都是根据利用爱因斯坦的广义相对论所进行的计算。这个理论和我们迄今的一切观测都吻合得极好。但是，由于它不能和量子力学的不确定性原理合并，所以我们知道它不可能完全正确。不确定性原理是说，粒子不能同时把位置和速度都很好地确定。你把一颗粒子的位置测量得越精确，则对它的速度就测量得越不精确，反之亦然。

1973年我开始研究不确定性原理会对黑洞有什么改变。使我和其他所有人大吃一惊的是，我发现它意味着黑洞不是完全黑的。它们以恒定的速率发射辐射和粒子。当我在牛津附近的一次会议上宣布这些结果时，大家都不相信。分会主席说，这些是没有意义的，而且他还写了一篇论文重申。然而，在其他人重复我的计算时，他们发现了相同的效应。这样，就连该主席最终也同意了我是正确的。

辐射是如何从黑洞的引力场中逃逸出来的呢？我们有好几种办法来理解。虽然它们显得非常不同，其实是完全等效的。一种方法是，不确定性原理允许粒子在短距离内旅行得比光还快。这就使得粒子和辐射能穿过事件视界从黑洞逃逸。然而，从黑洞出来的东西和落进去的东西不同。只有能量是相同的。

随着黑洞释放粒子和辐射，它将损失质量。这将使黑洞变得越来越小，并更迅速地发射粒子。它最终会达到零质量并完全消失。对于那些落入黑洞的物体，还可能包括空间飞船都会发生什么呢？根据我的一些最新的研究，其答案是，它们会出发到它们自身的微小的婴儿宇宙中去。一个小的自足的宇宙从我们的宇宙区域分叉开来。这个婴儿宇宙可以重新连接到我们的时空区域。如果发生这种情形，它在我们看来是另一个黑洞形成并随后蒸发掉。落进一个黑洞的粒子会作为从另一个黑洞发射的粒子而出现，反之亦然。

这听起来似乎正是允许通过黑洞进行空间旅行所需要的。你只要驾驶你的空间飞船进入适当的黑洞，最好是相当巨大的黑洞。否则的话，在你进入黑洞之前引力就已经把你撕成意大利面条。你可望在另外一颗黑洞外面重新出现，尽管你不能选择在什么地方。

然而，在这种星系际运送规划中有一个意外的障碍。把落入黑洞的粒子取走的婴儿宇宙是在所谓的虚时间里发生的。在实时间里，一位落进黑洞的航天员的结局是悲惨的。作用到他头上和脚上的引力差会把他撕开来。甚至连构成他身体的粒子都不能幸免。它们在实时间里的历史会在一个奇点处终结。但是，粒子在虚时间里的历史将会继续。它们将进入并通过婴儿宇宙，而且作为从另外一颗黑洞发射出来的粒子而重现，这样，在某种意义上可以说，航天员被运送到宇宙的另一个区域。可是，出现的粒子和航天员没有什么相像之处。当他在实时间中进入奇点时，也不会因得知他的粒子将在虚时间里存活，而得到什么安慰。对于任何落进黑洞的人的箴言是："想想虚的"。

是什么东西确定粒子在何处重现呢？婴儿宇宙中的粒子数目等于落进该黑洞的粒子数目加上在它蒸发时发射的粒子数目。这表明，落入一颗黑洞的粒子将从另一颗具有大致相等质量的黑洞出来。这样，人们可由创造一颗与粒子所落进的黑洞相同质量的黑洞，来选择粒子出来的地方。然而，该黑洞会同等可能地发出具有相等总能量的任何其他的粒子集合。即便该黑洞的确发射出恰当种类的粒子，人们仍然不能分辨它们是否就是落进另一颗黑洞的那些粒子。粒子不携带身份证，给定种类的所有粒子都显得很相像。

这一切表明，穿越黑洞并非空间旅行的受人欢迎的可靠办法。首先，你必须在虚时间里旅行才到达那里，而不理睬你的历史在实时间里达到悲惨的结局。其次，你不能随意选择自己的目的地。这就像在某些我说得出名字的航线上旅行。

虽然婴儿宇宙对于空间旅行无甚用处，但对于我们寻求能描述宇宙万物的完备的统一理论的尝试却意义重大。我们现有理论包括一些量，譬如一颗粒子所带电荷的大小。我们的理论不能够预言这些量。相反地，它们必须选取得和观测相符合。可是，多数科学家相信，存在一种基本的统一理论，它能把所有这些量都预言出来。

很可能存在一种这样的基本理论。所谓异型超弦是目前最有前途的候选者。其思想是时空充满了许多像一根弦似的小圈圈。我们认为是基本粒子的实际上是这些以不同方式振动的小圈圈。这种理论不包含任何数值可以被调整的数。于是人们预料，这种统一理论应能预言出所有这些量的数值，譬如一颗粒子所带的电荷，那是现有理论不能确定而遗留下来的量。虽然我们还不能从超弦理论预言这些量中的任何一个，但是很多人相信，我们最终能够做到这一点。

然而，如果婴儿宇宙的图像是正确的，我们预言这些量的能力就被降低。这是因为我们不能观察到在那里存在多少个婴儿宇宙，等待着和我们的宇宙区域相连接。有的婴儿宇宙只包含一些粒子。这些婴儿宇宙如此之微小，人们觉察不出它们的连接和分叉。可是，它们连接上后就改变了诸如一颗粒子所带电荷的量的表观的值。这样，因为我们不知道有多少婴儿宇宙等待在那里，所以我们就预言不出这些量的表观值。也可能出现婴儿宇宙的数量爆炸。然而和人类不同的是，似乎没有诸如食物供应和站立空间的限制因素。婴儿宇宙存在于它们自身的实在之中。它有点像问在针尖上可容纳多少个天使跳舞的问题。

婴儿宇宙似乎为大多数的量的预言值引进了一定的哪怕是相当小的不确定性。然而，它们可以为一个非常重要的量，即所谓宇宙常数的观测值提供一种解释。这是使时空具有膨胀或者收缩的内在倾向的广义相对论方程的一项。爱因斯坦提出一个非常小的宇宙常数，原意是希望用以平衡物质使宇宙收缩的倾向。在人们发现宇宙是在膨胀后这个动机即不复存在。但是要摆脱宇宙常数绝非易事。人们可以预料，量子力学隐含的起伏会给出非常大的宇宙常数。但是，我们能够观测宇宙的膨胀如何随时间而变化，从而确定宇宙常数是非常小的。迄今为止，对观察值为什么必须这么微小还没有找到任何好的解释。然而，婴儿宇宙的分叉出去和连接回来会影响宇宙常数的表观值。因为我们不知道有多少个婴儿宇宙，宇宙常数就可能有不同的表观值。然而，一个几乎为零的值，是最有可能的。这是令人庆幸的，因为只有当宇宙常数非常微小时，宇宙才适合像我们这样的生物居住。

可以总结一下：看来粒子能够落进黑洞，然后黑洞蒸发并从我们的宇宙区域消失。这些粒子进入婴儿宇宙中。这些婴儿宇宙从我们的宇宙分叉出去。这些婴儿宇宙可以连接回到其他的什么地方。它们对空间旅行无甚用处，但是它们的存在意味着我们预言能力比所期望的更差，即便我们真的找到了完整的统一理论。另一方面，我们现在也许能为某些像宇宙常数的量的测量值提供解释。过去的几年里，好多人开始研究婴儿宇宙。我认为没有人把它们作为空间旅行的方法而申请专利致富，但是它们已成为非常激动人心的研究领域。

第 12 章
一切都是注定的吗？[1]

在《裘里乌斯 · 恺撒》这部戏剧里，卡修斯告诉布鲁特斯说："人们有时是他们命运的主宰。"我们真的是自己命运的主宰吗？或者我们的所作所为无一不是被确定的，或者说是注定的？赞同宿命论的论证通常是这么进行的，上帝是万能的并且外在于时间，所以上帝知道将会发生什么。但是如果这样的话，我们怎么还会有自由意志呢？而如果我们没有自由意志的话，又怎么能为我们的行动负责呢？如果一个人注定要去抢银行，这不能算是他的过错。那么，为什么他要为此而受惩罚呢？

人们近年来根据科学来论证宿命论。事情似乎是这样的，存在定义很好的定律，这些定律制约宇宙和其中的任何事物在时间中如何发展。虽然我们还没找到所有这些定律的精确形式，我们却已经知道得足够多，能够确定，在除了最极端情形外的所有情形下，要发生什么。我们能否在相当近的未来找到余下的定律是见仁见智的事。我是一个乐观主义者：我认为有对半的机会在以后的20年内找到它们。但是即使找不到，也不会对这里的议论有丝毫影响。其要点在于，必须存

1. 这是1990年4月在剑桥大学西格玛俱乐部的讲演。

在一族能从宇宙的初始态完全确定其演化的定律。这些定律也许是由上帝颁布的。但是祂不干涉宇宙去违反这些定律。

上帝也许选取了宇宙的初始形态，或者这种形态本身是由科学定律确定的。无论是何种情形，宇宙中的任何事物似乎都是由根据科学定律的演化所确定的，所以很难看出我们何以成为自己命运的主宰。

存在某种确定宇宙中任何事物的大统一理论的思想引起了许多困难。首先，人们假定这种大统一理论在数学上是紧凑而优雅的。关于万物的理论必须有某种既特殊又简单的东西。那么一定数目的方程怎么能解释我们在自己周围看到的复杂性和无聊的细节呢？人们真的会相信大统一理论确定西尼德·奥柯诺[1] 会出现在本周黄金歌曲榜首，或者麦当娜[2] 会印在《大都会》的封面上？

大统一理论确定任何事物的思想的第二个问题是，我们所说的任何东西也由该理论所确定。但是为什么它必须被确定为正确的呢？因为对应于每一个真的陈述都可能有许多不真的陈述，它不是更可能是不真的吗？我每周的邮件中都有大量别人寄来的理论。它们都不相同，而且大多数是相互冲突的。假定大统一理论确定了这些作者认为他们是正确的，那么为何我说的任何东西就必须更有效呢？难道我不是同样地由大统一理论确定的吗？

一切都是注定的思想的第三个问题是，我们自己觉得具有自由意

---

1. 西尼德·奥柯诺（Sinead O'connor）是英国通俗歌星。—— 译者注
2. 麦当娜（Madonna）是美国通俗歌星。—— 译者注

志——我们有选择是否做某事的自由。但是如果科学定律确定了一切，则自由意志就必然是幻影。而如果我们没有自由意志，为我们行为负责的根据又是什么？我们不会对精神病人定罪，因为我们认定他的行为是身不由己的。但是如果大统一理论把我们完全确定，我们之中无人不是身不由己的，那么为何要为其所作所为负责呢？

人们对于宿命论的这些问题已经讨论了几世纪。然而，由于我们离完全掌握科学定律的知识还差得很远，而且不知道如何确定宇宙的初始状态，所以讨论就显得有些学究气。由于我们可能在短到20年的时间内找到一套完备的统一理论，这个问题现在就变得更急迫了。而且我们意识到，初始状态本身可能是由科学定律确定的。以下便是我自己解决这些问题的尝试。我并不宣称具有多少原创性或深度，但它是我此刻所能做的一切。

从第一个问题开始：我们观察到的宇宙是如此之复杂，还具有许多无聊和次要的细节，一套相对简单和紧凑的理论怎么能把这种宇宙产生出来呢？这个问题的关键是量子力学的不确定性原理，它是说人们不能既把粒子的速度又把粒子的位置极其精确地测量出来。你把位置测量得越精确，则你测量的速度就越不精确，反之亦然。在现时刻这种不确定性不甚重要，因为东西被分隔得很开，位置上的很小不确定性不会造成很大差别。但是在极早期宇宙任何东西都靠得很近，这样就有了大量的不确定性，宇宙有许多可能的状态。这些不同的可能的极早的态会演化成宇宙的整个一族不同的历史。这些历史中的大多数在它们的大尺度特征上都很相似。它们对应于一个均匀和光滑的，并且正在膨胀的宇宙。然而，它们在诸如恒星分布以及进而在它们杂志封面设计等细节上不同。(那是说，如果那些历史包括杂志的话。)这样，围绕我们宇宙的复杂性以及细节是极早期阶段的不确定性原理引起的。这就给出了整整一族宇宙的可能历史。可能存在一个纳粹赢得第二次世界大战的历史，虽然这种概率很小。但是我们刚好生活在盟军赢得战争，麦当娜出现在《大都会》封面上的历史之中。

现在我转向第二个问题：如果某种统一理论确定了我们所要做的一切，为什么该理论必须确定我们得出关于宇宙的正确的而非错误的结论呢？为何我们说的任何东西必须成立？我对这个问题的答案是基于达尔文自然选择的思想。我同意，某些非常初级的生命形式在地球上是由原子的随机组合而自动产生的。这种生命的早期形式也许是一个大分子。由于由随机组合形成整个DNA分子的机会很小，所以这个大分子不大可能是DNA。

生命的早期形式会复制自己。量子不确定性原理和原子的随机热运动意味着，在复制中存在一定的误差。这些误差中的大多数对于机体的存活及其复制的能力是致命的。这些误差不会传给后代而是消失了。纯粹出于机遇，极少数的误差是有益的。具有这些误差的机体更容易存活和复制。这样，它们就趋向于取代原先的未改进的机体。

DNA的双螺旋结构的发展可能是早期阶段的这么一种改善。这样的一种进展可能完全取代了更早先的生命形式，不管那种形式是什么样子的。随着向前进化，导致了中心神经系统的发展。正确识别由它们感官收集到的信息的意义，并能采取适当行动的生物更容易存活和复制。人类又把这一切推向另一阶段。我们和更高等的猿人之间无论是在身体还是在DNA方面都非常相似;但是在我们DNA上的一个微小的差异使我们能发展语言。这表明,我们能够逐代地传递信息并积累经验。在更早以前,经验的结果只能通过复制时的随机误差被编码到DNA中的缓慢过程来传递下去。这个效应大大加速了演化。演化到人类花费了比30亿年还长的岁月。但是我们仅仅在这最后的1万年过程中发展了书写语言。这使得我们能从穴居者进化到能探究宇宙终极理论的现代人类。

人类的DNA在过去的1万年间并没有显著的生物进化或改变。这样,我们的智力,我们从感官提供的信息提取正确结论的能力必须回溯到我们穴居者或者更早的岁月。这必定是在我们杀死某些种类动物为食,并避免被其他动物杀害的能力的基础上被选择出来的能力。为了这些目的而被选择出来的精神品质,在今天非常不同的环境下,使我们处于非常有利的地位,这一点真令人印象深刻。发现大统一理论或者解答有关宿命论的问题,也许不会给我们带来太多存活上的好处。尽管如此,我们由于其他原因发展而来的智力,能够保证我们找到这些问题的正确答案。

现在我转向第三个问题,即自由意志和对我们行为负责的问题。我们主观地觉得,我们有选择我们是谁以及我们做什么的能力。但是这也许只不过是幻觉。有些人自认为是耶稣基督或者拿破仑,但是他们不可能都对。我们需要的是一种客观的检验,可以使用它从外面来鉴定一个机体是否具有自由意志。例如,从某个恒星有个"小绿人"来访问我们。我们怎么才能决定它具有自由意志,或者仅仅是一台被编入使它像我们一样反应的程序的机器人呢?

自由意志的最终客观检验似乎应该是：人们能预言一个机体的行为吗？如果能的话，则很清楚表明它没有自由意志，而仅仅是预先确定的。另一方面，如果人们不能预言其行为，则人们可以将此当作一个操作定义，说该机体具有自由意志。

人们可用以下的论证来反对这个自由意志的定义，即一旦我们找到了完备的统一理论，我们就能预言人们将做什么。然而，人类头脑也要服从不确定性原理。这样，在人类的行为中存在和量子力学相关的随机因素。但是在头脑牵涉到的能量很小，所以量子力学的不确定性只有微小的效应。我们不能预言人类行为的真正原因只是它过于困难。我们已经知悉制约头脑活动的基础物理定律，而且它们是比较简单的。但是在解方程时只要有稍微多的粒子参与就会解不出。即便在更简单的牛顿引力论中，人们只能在两颗粒子的情形下精确地解这个方程。对于三颗或更多的粒子就必须借助于近似法，而且其难度随粒子数目而急剧增加。人类头脑大约包含10^{26}也就是100亿亿亿颗粒子。在给定的初始条件和输入的神经资料下，要去解这个方程，并从而预言头脑的行为，这个数目是太过于庞大了。当然，我们在事实上甚至不能测量初始条件，因为要这么做的话就得把头脑拆散。甚至我们打算这么做的话，粒子数也太大了以至于记录不过来。而且头脑可能对于初始条件非常敏感，初始态的一个小改变就会对后续行为造成非常大的差别。这样，虽然我们知道制约头脑的基本方程，我们根本不可能利用它们来预言人类的行为。

由于在宏观系统中粒子的数目总是太大，我们根本无法求解这些基本方程，所以只要我们处理这样的系统，就会在科学上产生这种情形。取而代之，我们要做的是利用有效理论。这是用少数的量来取代非常大数目粒子的近似法。流体力学便是一个例子。譬如像水这样的流体是由亿万个分子组成的，而分子本身又是由电子、质子和中子所构成。然而，把流体处理成仅仅由速度、密度和温度表征的连续介质是一种好的近似。流体力学有效理论的预言不准确，人们只要听听天气预报即能意识到这一点。但是它对于设计船舶和油管却是足够好的近似。

我想提出，自由意志和自我行为的道德责任概念真正是在流体力学意义上的有效理论。也许我们做的任何事情都是由某种大统一理论所确定的。如果那种理论确定我们将被吊死，我们就不会被淹毙。也就是说，即便把你在暴风雨之际放在海上的小舟上，你仍然非常肯定其目标是绞架。我曾经注意到，甚至声称一切都是注定的，而且我们不能对之有任何改变的人们，在他们穿越马路时也要先看一看安全否。也许是因为那些不看路的人不能存活来告诉我们这个过程。

因为人们不知道什么是确定的，所以不能把自己的行为基于一切都是注定的思想之上。相反地，人们必须采取有效理论，也就是人们具有自由意志以及必须为自己的行为负责。这个理论在预言人类行为方面不很有效。因为我们无法求解从基本定律推出的方程，所以只好采用它。我们相信自由意志还有达尔文主义的原因：一个其成员对于他或她的行为负责的社会更容易合作、存活并扩散其价值。蚂蚁当然合作得很好，但是这样的社会是静止的。它不能应付陌生的挑战或者发展新的机遇。然而，一些怀有某些共同目标的自由个体集合能在共同目标上合作，而且还有创新的灵活性。因此，这样的社会更容易繁荣并且扩散其价值系统。

自由意志的概念和科学的基本定律是属于不同的范畴。如果人们想从科学定律推出人类行为的话，他就会在自参考系统的逻辑悖论中陷入困境。如果可以从基本定律预言出一个人的所作所为，则做此预言本身这个事实就可以改变所要发生的。这正如时间旅行若可能的话人们会遇到的麻烦，我认为永远不可能做时间旅行。如果你能看到未来将要发生什么，你就能改变之。如果你知道在全国大赛中哪匹马会赢，你就可以为它下赌金而发财。但是那个行动会改变胜算。人们只有看电影《回到未来》就会意识到会发生什么问题。

关于能否预言人们行为的悖论和我早先提及的问题紧密相关：终极理论是否确定我们在有关终极理论的问题上得到正确的结论？在那种情形下，我论证道：达尔文的自然选择思想会使我们得到正确的答案。正确的答案也许不是描述它的正确方法，但是自然选择至少使我们获得一套相当有效的物理定律。然而，我们因为两个原因不能应用那些物理定律去推导出人类行为。首先，我们不能求解这些方程。其次，即使我们能解，做预言的这一事实会扰动该系统。相反地，自然选择看来导致我们采用自由意志的有效理论。如果人们接受一个人的行为是自由选择的，那么他就不能争辩道，在某种情形下这些行动是由外界的力量所确定的。“几乎自由的意志”的概念是没有意义的。但是人们容易把人们可以猜出另一个人很可能选择什么和这种选择不是自由的概念相混淆。我猜想你们中的大多数今晚要吃饭，但是你完全有选择饿肚子上床的自由。开脱责任的教条即是这类混淆的一个例子：它的意思是说人不应为紧张状态下的行为而受到惩罚。人在紧张时是可能容易犯刑事罪。但是那不意味着，我们应该减轻惩罚使他或她更容易犯罪。

人们必须把科学基本定律的研究和人类行为的研究分开来。由于我已经解释的原因，人们不能利用基本定律推导出人类行为。但是人们期望使用逻辑思维的智慧和威力，这是我们通过自然选择发展来的。可惜的是，自然选择也发展了诸如侵略性的其他特征。在穴居者或更早的时代侵略性具有存活的优势，所以自然选择对它有利。然而，现代科学技术极大地提高了我们的破坏力，使得侵略性变成非常危险的品质，这是一种威胁到全人类生存的危险性。麻烦在于，我们的侵略本性似乎被编码到我们的DNA之中。生物进化只有在几百万年的时间尺度上才改变DNA，但是我们的破坏力以信息演化的时间尺度为尺度而增加，这种尺度在目前只有二三十年。除非我们能够用智慧来控制侵略性，人类的未来就非常不妙。我仍然要说，只要有生命就会有希望。如果我们能再存活一个世纪左右，我们就能扩散至其他行星，甚至其他恒星上去。这就使得全人类被诸如核战争的灾难毁灭的可能性大为减少。

小结一下：我讨论了，如果人们相信宇宙中的一切都是注定的话，会引起的一些问题。这种宿命论究竟是因为一位万能的上帝还是科学定律引起的，并不具有任何差别。的确，人们总可以说，科学的定律是上帝意愿的表达。

我考虑了三个问题：首先，一族简单的方程何以确定宇宙的复杂性以及它所有无聊的细节？换言之，人们会真正地相信，上帝选择了所有无聊的细节，譬如谁应该被印在《大都会》的封面上呢？其答案似乎应该是，量子力学的不确定性原理意味着，宇宙不是仅有一个单独的历史，而是有整族可能的历史。这些历史在大尺度下也许是类似的，但在正常的日常的尺度下它们具有极大的差异。我们刚好生活在一个具有一定性质和细节的特定历史中。但是存在非常类似的智慧生物，他们生活在谁赢得战争和谁是顶尖通俗歌手上不同的历史中。因此，我们宇宙的无聊细节之所以产生，是因为基本定律和具有不确定性或随机性的量子力学相结合。

第二个问题是：如果某种基本理论确定了一切，那么我们关于该理论所说的一切也应该由该理论所确定——为什么它必须被确定为是正确的，而非全错的或无关的？我对此的答案是借助于达尔文的自然选择理论：只有那些关于围绕他们的宇宙得出合适结论的个体才容易存活和繁殖。

第三个问题是：如果一切都是注定的，那么自由意志和我们对自己行为的责任又从何而来？但是对一个机体是否具有自由意志的唯一客观的检验是它的行为是否可被预言。在人类的情形下，由于两个原因，我们无法利用基本定律去预言人们将要做什么。首先，我们不能求解涉及大量粒子的方程。其次，即便我们能解这些方程，做预言的事实会干扰系统并会导致不同的结果。这样，由于我们不能预言人类的行为，我们也可以采用这样的有效理论，说人类是可以自作自划的自由个体。相信自由意志并为自己行为负责看来肯定具有存活的优势。这意味着自然选择应加强这种信念。由语言传递的责任心是否足以控制DNA传递的侵略本性还有待观察，如果不能的话，人类将成为自然选择的一个死亡终点。也许银河系其他地方的某种其他智慧生物在责任心和侵略性上得到更好的平衡。但是，如果事情果真如此，我们可以预料被他们接触过，或者至少检测过他们的无线电信号。也许他们知悉我们的存在，但是不想把自己暴露给我们。回顾一下我们过去的记录，这样做也许是明智的。

总之，这篇文章的题目是一个问题：一切都是注定的吗？答案是“是”，的确是“是”。但是其答案也可以为“不是”，因为我们永远不知道什么是被确定的。

第 13 章 宇宙的未来[1]

这篇讲演的主题是宇宙的未来，或者不如说，科学家认为将来是什么样子的。预言将来当然是非常困难的。我曾经起过一个念头，要写一本题为《昨天之明天：未来历史》的书。它会是一部对未来预言的历史，几乎所有这些预言都是大错特错的。但是尽管这些会失败，科学家仍然认为他们能预言未来。

在非常早的时代，预言未来是先知或者女巫的职责。这些通常是被毒药或火山隙逸出的气体弄得精神恍惚的女人。周围的牧师把她们的咒语翻译出来。而真正的技巧在于解释。古希腊的德尔菲的著名巫师以模棱两可而臭名昭著。当斯巴达人问，在波斯人攻击希腊时会发生什么，这个巫师回答：要么斯巴达会被消灭，要么其国王会被杀害。我想这些牧师盘算，如果这些最终都没有发生，则斯巴达人就会对阿波罗太阳神如此之感恩戴德，以至忽视其巫师做错预言的事实。事实上，国王在捍卫特莫皮拉隘道的一次拯救斯巴达并最终击败波斯人的行动中丧生了。

---

1. 1991年1月在剑桥大学的达尔文讲演。

另一次事件，利迪亚的国王克罗修斯，这位世界上最富裕的人有一次问道：如果他侵略波斯的话会发生什么。其回答是：一个伟大的王国将会崩溃。克罗修斯以为这是指波斯帝国，殊不知正是他自己的王国要陷落，而他自己的下场是活活地在柴堆上受火刑。

近代的末日预言者为了避免尴尬，不为世界的末日设定日期。这些日期甚至使股票市场下泻。虽然它使我百思不解，为何世界的终结会使人愿意用股票来换钱，假定你在世界末日什么也带不走的话。

迄今为止，所有为世界末日设定的日期都无声无息地过去了。但是这些预言家经常为他们显然的失败找借口解释。例如，第七日回归的创建者威廉·米勒预言，耶稣的第二次到来会在1843年3月21日至1844年3月21日间发生。在没有发生这件事后，这个日期就修正为1844年10月22日。当这个日期通过又没有发生什么事后，又提出了一种新的解释。据说，1844年是第二次回归的开始，但是首先要数出获救者名单。只有数完了名单，审判日才降临到那些不列在名单上的人。幸运的是，数人名看来要花很长的时间。

当然，科学预言也许并不比那些巫师或预言家的预言更可靠。人们只要想到天气预报就可以了。但是在某些情形下，我们认为可以做可靠的预言。宇宙在非常大的尺度下的未来，便是其中一个例子。

我们在过去的300年间发现了在所有正常情形下制约物体的科学定律。我们仍然不知道在极端条件下制约物体的精确的定律。那些定律在理解宇宙如何起始方面很重要，但是它不影响宇宙的未来演化，除非直到宇宙坍缩成一种高密度的状态。事实上，我们必须花费大量金钱建造巨大粒子加速器去检验这些高能定律，便是这些定律对现在宇宙的影响是多么微不足道的一个标志。

即便我们知道了制约宇宙的有关定律，我们仍然不能利用它们去预言遥远的未来。这是因为物理方程的解会呈现出一种称作混沌的性质。这表明方程可能是不稳定的：在某一时刻对系统作非常微小的改变，系统的未来行为很快会变得完全不同。例如，如果你稍微改变一下你旋转轮盘赌的方式，就会改变出来的数字。你实际上不可能预言出来的数字；否则的话，物理学家就会在赌场发财。

在不稳定或混沌的系统中，一般地存在一个时间尺度，初始状态下的小改变在这个时间尺度将增长到两倍。在地球大气的情形下，这个时间尺度是5天的数量级，大约为空气绕地球吹一圈的时间。人们可以在5天之内作相当准确的天气预报，但是要做更长远得多的天气预报，就既需要大气现状的准确知识，又需要一种不可逾越的复杂计算。我们除了给出季度平均值以外，没有办法对6个月以后作具体的天气预报。

我们还知道制约化学和生物的基本定律，这样在原则上，我们应能确定大脑如何工作。但是制约大脑的方程几乎肯定具有混沌行为，初始态的非常小的改变会导致非常不同的结果。这样，尽管我们知道制约人类行为的方程，但实际上我们不能预言它。科学不能预言人类社会的未来或者甚至它有没有未来。其危险在于，我们毁坏或消灭环境的能力的增长比利用这种能力的智慧的增长快得太多了。

宇宙的其他地方对于地球上发生的任何事物根本不在乎。绕着太阳公转的行星的运动似乎最终会变成混沌，尽管其时间尺度很长。这表明随着时间流逝，任何预言的误差将越来越大。在一段时间之后，就不可能预言运动的细节。我们能相当地肯定，地球在相当长的时间内不会和金星相撞。但是我们不能肯定，在轨道上的微小扰动会不会积累起来，引起在十几亿年后发生这种碰撞。太阳和其他恒星绕着银河系的运动，以及银河系绕着其局部星系团的运动也是混沌的。我们观测到，其他星系正离我们而去，而且离开我们越远，就离开得越快。这意味着我们周围的宇宙正在膨胀：不同星系间的距离随时间而增加。

我们观察到的从外空间来的微波辐射背景给出这种膨胀是平滑而非混沌的证据。你只要把你的电视调到一个空的频道就能实际观测到这个辐射。你在屏幕上看到的斑点的小部分是由太阳系外的微波引起的。这就是从微波炉得到的同类的辐射，但是要更微弱得多。它只能把食物加热到绝对温度的2.7度，所以不能用来温热你的外卖披萨。人们认为这种辐射是热的早期宇宙的残余。但是它最使人印象深刻的是，从任何方向来的辐射量几乎完全相同。宇宙背景探索者卫星已经非常精确地测量了这种辐射。从这些观测绘出的天空图可以显示辐射的不同温度。在不同方向上这些温度不同，但是差别非常微小，只有十万分之一。因为宇宙不是完全光滑的，存在诸如恒星、星系和星系团的局部无规性，所以从不同方向来的微波必然有些不同。但是，要和我们观测到的局部无规性相协调，微波背景的变化不可能再小了。微波背景在所有方向上能够相等到100000分之99999。

上古时代，人们以为地球是宇宙的中心。在任何方向上背景都一样的事实，对于他们而言毫不足怪。然而，从哥白尼时代开始，我们就被降级为绕着一颗非常平凡的恒星公转的一颗行星，而该恒星又是绕着不过是我们看得见的1000亿个星系中的一个典型星系的外边缘公转。我们现在是如此之谦和，我们不能声称任何在宇宙中的特殊地位。所以我们必须假定，在围绕任何其他星系的任何方向的背景也是相同的。这只有在如果宇宙的平均密度以及膨胀率处处相同时才有可能。平均密度或膨胀率的大区域的任何变化都会使微波背景在不同方向上不同。这表明，宇宙的行为在非常大尺度下是简单的，而不是混沌的。因此我们可以预言宇宙遥远的未来。

因为宇宙的膨胀是如此之均匀，所以人们可按照一个单独的数，即两个星系间的距离来描述它。现在这个距离在增大，但是人们预料不同星系之间的引力吸引正在降低这个膨胀率。如果宇宙的密度大于某个临界值，引力吸引将最终使膨胀停止并使宇宙开始重新收缩。宇宙就会坍缩到一个大挤压。这和起始宇宙的大爆炸相当相似。大挤压是被称作奇性的一个东西，是具有无限密度的状态，物理定律在这种状态下失效。这就表明即便在大挤压之后存在事件，它们要发生什么也是不能预言的。但是若在事件之间不存在因果的连接，就没有合理的方法说一个事件发生于另一个事件之后。也许人们可以说，我们的宇宙在大挤压处终结，而任何发生在“之后”的事件都是另一个相分离的宇宙的部分。这有一点像是再投胎。如果有人声称一个新生的婴儿是和某一死者等同，如果该婴儿没从他的以前的生命遗传到任何特征或记忆，这种声称有什么意义呢？人们可以同样地讲，它是完全不同的个体。

如果宇宙的密度小于该临界值，它将不会坍缩，而会继续永远膨胀下去。其密度在一段时间后会变得如此之低，引力吸引对于减缓膨胀没有任何显著的效应。星系们会继续以恒常速度相互离开。

这样，对于宇宙的未来其关键问题在于：平均密度是多少？如果它比临界值小，宇宙就将永远膨胀。但是如果它比临界值大，宇宙就会坍缩，而时间本身就会在大挤压处终结。然而，我比其他的末日预言者更占便宜。即便宇宙将要坍缩，我也可以满怀信心地预言，它至少在100亿年内不会停止膨胀。我预料那时自己不会留在世上被证明是错的。

我们可以从观测来估计宇宙的平均密度。如果我们计算能看得见的恒星并把它们的质量相加，我们得到的密度不到临界值的百分之一左右。即使我们加上在宇宙中观测到的气体云的质量，它仍然只把总数加到临界值的百分之一。然而，我们知道，宇宙还应该包含所谓的暗物质，即我们不能直接观测到的东西。暗物质的一个证据来自于螺旋星系。这是些恒星和气体的巨大的饼状聚合体。我们观测到它们围绕着自己的中心旋转。但是如果它们只包含我们观测到的恒星和气体，则旋转速率就高到足以把它们甩开。必须存在某种看不见的物质形式，其引力吸引足以把这些旋转的星系牢牢抓住。

暗物质的另一个证据来自于星系团。我们观测到星系在整个空间中分布得不均匀；它们成团地集中在一起，其范围从几个星系直至几百万个星系。假定这些星系互相吸引成一组从而形成这些星系团。然而，我们可以测量这些星系团中的个别星系的运动速度。我们发现其速度是如此之高，要不是引力吸引把星系抓到一起，这些星系团就会飞散开去。所需要的质量比所有星系总质量都要大很多。这是在这种情形下估算的，即我们认为星系已具有在它们旋转时把自己抓在一起所需的质量。所以，在星系团中我们观测到的星系以外必须存在额外的暗物质。

人们可以对我们具有确定证据的那些星系和星系团中的暗物质的量作一个相当可靠的估算。但是这个估算值仍然只达到要使宇宙重新坍缩的临界质量的百分之十左右。这样，如果我们仅仅依据观测证据，则可预言宇宙会继续无限地膨胀下去。再过50亿年左右，太阳将耗尽它的核燃料。它会肿胀成一颗所谓的红巨星，直到它把地球和其他更邻近的行星都吞没。它最后会稳定成一颗只有几千英里尺度的白矮星。我正在预言世界的结局，但这还不是。这个预言还不至于使股票市场过于沮丧。眼下还有一两个更紧迫的问题。无论如何，假定在太阳爆炸的时刻，我们还没有把自己毁灭的话，我们应该已经掌握了恒星际旅行的技术。

在大约100亿年以后，宇宙中大多数恒星都已把燃料耗尽。大约具有太阳质量的恒星不是变成白矮星就是变成中子星，中子星比白矮星更小更紧致。具有更大质量的恒星会变成黑洞。黑洞还更小，并且具有强到使光线都不能逃逸的引力场。然而，这些残留物仍然继续绕着银河系中心每1亿年转一圈。这些残余物的相撞会使一些被抛到星系外面去。余下的会渐渐地在中心附近更近的轨道上稳定下来，并且最终会集中在一起，在星系的中心形成一颗巨大的黑洞。不管星系或星系团中的暗物质是什么，可以预料它们也会落进这些非常巨大的黑洞中去。

因此可以假定，星系或星系团中的大部分物体最后在黑洞里终结。然而，我在若干年以前发现，黑洞并不像被描绘的那样黑。量子力学的不确定性原理讲，粒子不可能同时具有很好确定的位置和很好确定的速度。粒子位置确定得越精确，则其速度就只能确定得越不精确，反之亦然。如果在一颗黑洞中有一颗粒子，它的位置在黑洞中被很好地确定，这意味着它的速度不能被精确地确定。所以粒子的速度就有可能超过光速，这就使得它能从黑洞逃逸出来，粒子和辐射就这么缓慢地从黑洞中泄漏出来。在一颗星系中心的巨大黑洞可有几百万英里的尺度。这样，在它之内的粒子的位置就具有很大的不确定性。因此，粒子速度的不确定性就很小，这表明一颗粒子要花非常长的时间才能逃离黑洞。但是它最终是要逃离的。在一个星系中心的巨大黑洞可能花10^{90}年的时间蒸发掉并完全消失，也就是1后面跟90个零。这比宇宙现在的年龄要长得多，它是10^{10}年，也就是1后面跟10个零。如果宇宙要永远膨胀下去的话，仍然有大量的时间可供黑洞蒸发。

永远膨胀下去的宇宙的未来相当乏味。但是一点也不能肯定宇宙是否会永远膨胀。我们只有大约为使宇宙坍缩所需密度的十分之一的确定证据。然而，可能还有其他种类的暗物质，还未被我们探测到，它会使宇宙的平均密度达到或超过临界值。这种附加的暗物质必须位于星系或星系团之外。否则的话，我们就应觉察到了它对星系旋转或星系团中星系运动的效应。

为什么我们应该认为，也许存在足够的暗物质，使宇宙最终坍缩呢？为什么我们不能只相信我们已有确定证据的物质呢？其理由在于，哪怕宇宙现在只具有十分之一的临界密度，都需要不可思议地仔细选取初始的密度和膨胀率。如果在大爆炸后1秒钟宇宙的密度大了一万亿分之一，宇宙就会在十年后坍缩。另一方面，如果那时宇宙的密度小了同一个量，宇宙在大约10年后就基本上变成空无一物。

宇宙的初始密度为什么被这么仔细地选取呢？也许存在某种原因，使得宇宙必须刚好具有临界密度。看来可能存在两种解释。一种是所谓的人存原理，它可被重述如下：宇宙之所以是这种样子，是因为否则的话，我们就不会在这里观测它。其思想是，可能存在许多具有不同密度的不同宇宙。只有那些非常接近临界密度的能存活得足够久并包含足够形成恒星和行星的物质。只有在那些宇宙中才有智慧生物去诘问这样的问题：密度为什么这么接近于临界密度？如果这就是宇宙现在密度的解释，则没有理由去相信宇宙包含比我们已探测到的更多物质。十分之一的临界密度对于星系和恒星的形成已经足够。

然而，许多人不喜欢人存原理，因为它似乎太倚重于我们自身的存在。这样就有人对为何密度应这么接近于临界值寻求另外可能的解释。这种探索导致极早期宇宙的暴胀理论。其思想是宇宙的尺度曾经不断地加倍过，正如在遭受极端通货膨胀的国家每隔几个月价格就加倍一样。然而，宇宙的暴胀更迅猛更极端得多：在一个微小的暴胀中尺度成至少1000亿亿亿倍的增加，会使宇宙这么接近于准确的临界密度，以至于现在仍然非常接近于临界密度。这样，如果暴胀理论是正确的，宇宙就应包含足够的暗物质，使得密度达到临界值。这意味着，宇宙最终可能会坍缩，但是这个时间不会比迄今已经膨胀过的

150亿年左右长太多。

如果暴胀理论是正确的，必须存在的额外暗物质会是什么呢？它似乎和构成恒星和行星的正常物质不同。我们可以计算出宇宙在大爆炸后的最初3分钟的极早期阶段产生的各种轻元素的量。这些轻元素的量依赖于宇宙中的正常物质的量而定。我们可以画一张图，在垂直方向标出轻元素的量，沿着水平轴是宇宙中正常物质的量。如果现在正常物质的总量大约只为临界量的十分之一，则我们可以得到和观测很一致的丰度。这些计算也可能是错误的，但是我们对于几种不同的元素得出观测到的丰度这个事实，令人印象十分深刻。

如果存在暗物质的临界密度，那么其主要候选者可能是宇宙极早阶段的残余。基本粒子是一种可能性。存在几种假想的候选者，那是些我们认为也许存在但还没有实际探测到的粒子。但是最有希望的情形是中微子，我们对它已有很好的证据。它在过去被认为自身没有质量，但是最近一些观测暗示，中微子可能有小质量。如果这一点得到证实并发现具有恰好的数值，中微子就能提供足够的质量，使宇宙密度达到临界值。

黑洞是另一种可能性。早期宇宙可能经历过所谓的相变。水的沸腾和凝固便是相变的例子。在相变过程中原先均匀的媒质，譬如水，会发展出无规性。在水的情形下会是一大堆冰或蒸汽泡。这些无规性会坍缩形成黑洞。如果黑洞非常微小的话，它们由于早先描述的量子力学的不确定性原理的效应，迄今已被蒸发殆尽。但是，如果它们超过几十亿吨（一座山的质量），则现在仍在周围，并且很难被探测到。

对于在宇宙中均匀分布的暗物质，它对宇宙膨胀的效应是唯一探测其存在的方法。由测量遥远星系离开我们而去的速度便可确定膨胀的减慢程度。其关键在于，光离开这些星系向我们传播，所以我们是在观测在遥远的过去的这些星系。人们可以绘一张图，把星系的速度和它们的表观亮度或星等做比较，星等是它们离开我们的距离的测度。这张图上的不同曲线对应于不同的膨胀减慢率。向上弯折的曲线对应于将要坍缩的宇宙。初看起来观测似乎表示坍缩的情景。但是麻烦在于，星系的表观亮度不能很好地标度离开我们的距离。不仅在星系的本征亮度存在相当大的变化，而且还有证据说明其亮度随时间而改变。由于我们不知道允许的亮度演化是多少，所以我们还不能说减慢率是多少；它是否快到使宇宙最终坍缩，或者宇宙会继续永远膨胀下去。这必须等到我们发展出更好的测量星系距离的手段后才行。但是我们可以肯定，减慢率没有快到使宇宙在今后的几十亿年内坍缩的程度。

宇宙在1000亿年左右既不永远膨胀也不坍缩是一个非常激动人心的前景。我们是否有所作为使将来变得更加有趣呢？一种肯定可为的做法是让我们驶到一颗黑洞中去。它必须是一颗相当大的黑洞，比太阳质量的一百万倍还要大。在银河系的中心很可能有颗这么大的黑洞。

在一颗黑洞中会发生什么我们还不很清楚。广义相对论的方程允许这样的解，它允许人们进入一颗黑洞并从其他地方的一颗白洞里出来。白洞是黑洞的时间反演。它是一种东西只出不进的物体。在宇宙的其他部分可能会有白洞。这似乎为星系际的快速旅行提供了可能性。麻烦在于这种旅行也许是过于迅速了。如果通过黑洞的旅行成为可能，则似乎无法阻拦你在出发之前已经返回。那时你可以做一些事，譬如杀死你的母亲，因为她一开始就不让你进入黑洞。

看来物理定律不允许这种时间旅行，这也许对于我们（以及我们的母亲们）的存活是个幸事。似乎有一种时序防御机构，不允许旅行到以前去，使得这个世界对于历史学家是安全的。如果一个人向以前旅行，似乎要发生的是，不确定性原理的效应会在那里产生大量的辐射。这种辐射要么把时空卷曲得如此之甚，以至于不可能在时间中倒退回去，要么使时空在类似于大爆炸和大挤压的奇性处终结。不管哪种情形，我们的过去都不会受到居心叵测之徒的威胁。最近我和其他一些人进行的一些计算支持这个时序防御假设。但是，我们过去不能将来永远也不能进行时间旅行的最好证据是，我们从未遭受到从未来来的游客的侵犯。

现在小结如下：科学家相信宇宙受定义很好的定律制约，这些定律在原则上允许人们去预言将来。但是定律给出的运动通常是混沌的。这意味着初始状态的微小变化会导致后续行为的快速增大的改变。这样，人们在实际上经常只能对未来相当短的时间做准确的预言。然而，宇宙大尺度的行为似乎是简单的，而不是混沌的。所以，人们可以预言，宇宙将永远膨胀下去呢，还是最终将会坍缩。这要按照宇宙的现有密度而定。事实上，现在密度似乎非常接近于把坍缩和无限膨胀区分开来的临界密度。如果暴胀理论是正确的，则宇宙实际上是处在刀锋上。所以我正是继承那些巫师或预言者的良好传统，两方下赌注，以保万无一失。

第14章
《荒岛唱片》访谈记

英国广播公司的《荒岛唱片》节目从1942年就开始广播，是无线电中延续最久的节目。现在，它多少已成为英国的传统。历来访谈者的范围极为广泛。它访谈了作家、演员、音乐家、电影演员和导演、运动明星、喜剧演员、厨艺家、园丁、教师、舞蹈家、政治家、皇室成员、漫画家以及科学家。访客被称作落难者，假定他们被弃绝到一座荒岛之上，让他们选取八张随身携带的唱片。还允许他们随带一种奢侈品（必须是无生命的）以及一本书（假定一本适当的宗教的书——《圣经》《可兰经》或其他类似的已经放在那儿，还有《莎士比亚全集》）。唱机是理所当然地提供的。早先的宣布通常还说："……那里有一台留声机并有用之不竭的唱针。"现在用太阳能光碟唱机作为听唱片的手段。

该节目每周播一次，访客选取的唱片在访谈时同步放出，全过程通常为40分钟。然而，这次和史蒂芬·霍金的访谈是一次例外，它在1992年的圣诞节播出，延续的时间更长。

访问者为苏·洛雷。

苏：当然，史蒂芬，你在许多方面已经非常熟悉荒岛的寂寞，脱离了正常的身体动作以及被剥夺了自然的交流手段。你有多孤单？

史：我认为自己没有脱离正常生活，我以为周围的人也不这么认为。我不觉得自己是个残疾人，只不过我的运动神经细胞不能运作罢了，不如讲我仿佛是个色盲的人。我想我的生活几乎谈不上是寻常的，但是我觉得精神上是正常的。

苏：尽管如此，你已经向自己证明了，不像《荒岛唱片》上的多数落难者那样，你在精神和智慧上是自足的。你的理论和灵感足以使自己忙碌不停。

史：我觉得自己天性有点害羞，而且我交流的困难迫使我依赖自己。但是小时候我是个多话的孩子。我需要和他人讨论来激励自己。我觉得向他人描述自己的思想对我的研究大有助益。即便他们没有提供任何建议，仅仅组织我的思想使他人理解，就时时将我引向新的方向。

苏：但是，史蒂芬，你情感上如何得到满足呢？即便是杰出的物理学家也必须从他人处得到这些啊！

史：物理学尽管美妙，却是冷冰冰的。如果我除了物理学外一无所有，则无法活下去。正如所有人那样，我需要温馨和爱情。还有，我是非常幸运的，比许多患相同病的人幸运得多，我受到大量的关爱。音乐也是我生活中的重要部分。

苏：请告诉我，是物理学还是音乐带给你更多的快乐？

史：我要说，我把物理学问题全部澄清后获得快乐的强度，是音乐从未曾带给我的。但那是一个人生涯中可遇不可求的现象，而你想听音乐时只要把光碟放在唱机上即可。

苏：请告诉我你在荒岛上首先要听的唱片。

史：那是帕伦克的《格罗里亚》[1]。去年夏天在科罗拉多的阿斯平我第一次听到它。阿斯平主要是滑雪胜地，夏天时常开物理会议。紧靠物理中心是一个巨大的帐篷，那里正举行着音乐节。当你坐在那里研究黑洞蒸发会发生什么问题时，你能同时听到预演。这是非常理想的，因为它把我的两个主要快乐——物理和音乐结合在一起了。如果我在荒岛中兼有两者，根本不想被拯救。那是说，直到我在理论物理中做出要告诉所有人的新发现为止。我设想拥有一个卫星碟，以便通过电子信箱得到物理论文应是违反规定的。

苏：无线电可以掩盖身体上的缺陷，但是在这种情形下把别的东西也掩饰了。史蒂芬，回顾7年以前你完全失声了。能告诉我这个过程吗？

史：1985年的夏天，我在日内瓦的欧洲核子中心，那是一座巨大的粒子加速器。我打算继续往德国的贝洛伊斯去听瓦格纳的《尼伯龙根的指环》的歌剧系列。可惜我得了肺炎，并被送到医院急诊。日内瓦的医院告知我妻子说我没有希望了，可以撤走生命维持系统。但是

---

1. 帕伦克（Poulenc）是法国20世纪初作曲家。《格罗里亚》（*Gloria*）通常在做弥撒时演奏。——译者注

她根本不同意。我被用飞机送回到剑桥的爱登布鲁克斯医院。那里的一位名叫罗杰·格雷的外科医生为我进行了穿气管手术。这个手术救了我一命，却从此使我失声。

苏：但是，那时无论如何你的讲话已经很模糊并很难听明白，所以最终总要失去讲话能力的，是吗？

史：尽管我的声音不清楚并很难理解，但是和我接近的人仍能理解。我可以通过翻译来做学术报告，我还可以对人口授论文。但在做完手术之际，我觉得受到了损害。我觉得如果我不能恢复声音，那就不值得做手术。

苏：后来加利福尼亚的电脑专家得知你的境况，而且给你一种声音。你觉得如何？

史：他名叫瓦特·沃尔托兹。他的岳母和我的境况相同，所以他发展了一种电脑程序帮助她交流。一个指示光点在屏幕上移动。当它停留在你所需要选取的词上时，你就用头或眼睛的动作来操作开关，在我的情形下是用手。人们用这种办法可在屏幕下半部打印出的词中作选择。当他积累够了他所要说的，便可以送进语言合成器或者存在磁盘中。

苏：但是这进行得很慢。

史：它是很慢，粗略地讲为正常讲话速度的十分之一。但是语言合成器比我原先的语言清楚了很多。英国人说它具有美国的口音，而美国人却说它是斯堪的纳维亚或爱尔兰口音。不管怎么说，也不管是什么口音，每个人都能明白了。在我的自然声音恶化时，我的大儿子能调整适应之，可是我最小的儿子在我动穿气管手术时才6岁，在这之前他从来就听不懂。他现在没有困难了。这对我而言也是件大事。

苏：这也意味着，你对于任何访问者的问题都要早早得到预先通知，而且只需要回答你准备妥当的，是吗？

史：对于像这次这样长的预录的节目，提早把问题交给我会有助益，这样可以避免花费大量时间来录音。在某一方面也使我易于掌握。但是我宁愿即席回答问题。我在学术或通俗讲演之后就是这么做的。

苏：但是正如你所说的，这个过程表明你有主动权，我知道这对你相当重要。你的亲友有时称你为顽固或霸气的，你服气吗？

史：有主见的人时常被叫做顽固。我宁愿说自己是决断的。如果我不相当决断，今天就不会在此。

苏：你一贯如此吗？

史：我只要和其他人一样地对自己的生活有同等程度的控制权。残疾人的生活受他人控制的情形实在太多了。没有一个正常人能忍受这个。

苏：请告诉我你的第二张唱片。

史：勃拉姆斯的小提琴协奏曲。这是我买的第一张大唱片。那是1957年，每分钟33转的唱片刚开始在英国出售。如果我买一台唱机则会被父亲责备为不顾他人的自私。但是我说服他我可以买到便宜的零件组装一台。他赞赏这种节俭的做法。我把唱盘和放大器放在一台老的78转的唱机盒子里。如果我保存它的话，现在它就会变得非常珍贵。

这台唱机制成后，我需要放唱片。一位中学时的朋友建议放勃拉姆斯的小提琴协奏曲，因为我们的学校圈子里谁也没有这种唱片。我记得为它花费了35先令，这在当时尤其对我而言算是一大笔钱。唱片的标价变贵了，但实质上比过去便宜得多。

当我在店里首次听这张唱片时，觉得有点儿奇怪，我不清楚我是否会喜爱它，但是我感到我应该说我喜爱它。然而，多年来它变得对我很重要。我愿意听慢乐章的起始部分。

苏：你家的一个老友说过，在你童年时，你的家庭是，我引用他的话说，是："高度智慧，非常聪明而且非常怪异的。"回顾过去，你是否认为这个描述大致不差？

史：对我的家庭是否智慧我不便评论，但是我们肯定不自认为是怪异的。然而，我想按照圣阿尔班斯的标准也许显得如此。我们在那里住时，那是个相当严肃的地方。

苏：而你的父亲是位热带病专家。

史：我父亲从事热带医学研究。他经常去非洲，在这个领域试验新的药物。

苏：那么你的母亲对你的影响更大，如果是这样的话，那是什么样的影响？

史：不，我要说我的父亲影响更大些。我模仿他。因为他是一位科学研究者，我觉得长大后从事科学研究是很自然的事情。仅有的差别是我对医学或生物学毫无兴趣，因为这些学科似乎过于不精确和描述性。我要某些更基本的东西，在物理学中可以找到这些。

苏：你母亲说过，你一贯具有她描述的强烈的好奇心。她说过："我能看到星星使他痴迷。"你是否记得？

史：我记得有一次深夜从伦敦回家。那时候为了省钱把路灯都关了。我从未看见过这么美丽的银河横贯夜空。在我的荒岛中不会有任何街灯，所以可以尽情欣赏夜空。

苏：你的童年无疑是非常聪明的，在家里和你姐妹做游戏时非常富有进取心，但是在学校里却会落到班级里最差的，而且满不在乎，这是真的吗？

史：这是我在圣阿尔班斯第一年的情形。但是我必须说，这是一个尖子班，我的考试比我的作业好得多。我知道我可以做得很好——那只不过是我的书写和不整洁把我的分数拉到这么低。

苏：第三张唱片？

史：我在牛津读本科时，读过阿尔多斯·赫胥黎的《对位》。[1] 这是描绘本世纪30年代的书，书中有大量的人物。除了一个人物是有血有肉的以外，绝大多数人物都是形式化的。这个人显然是赫胥黎本人的写照。他杀死了英国法西斯的头目，这个头目是按照奥斯瓦尔德·莫斯利爵士塑造的。然后他告诉法西斯党徒他干了此事，并把贝多芬的弦乐四重奏第132号唱片放在留声机上。他在放第三乐章的中间听到了敲门声，开门时被法西斯党徒枪杀。

这是一部非常差劲的小说，但是赫胥黎的唱片选对了。如果我得知潮汐正逼近，并将淹没我的荒岛，就会去听这四重奏的第三乐章。

苏：你上牛津的大学学院读数学和物理，按照你计算的，在那儿你平均每天大约用功一小时。按照我读过的，你划船、喝啤酒还以捉弄他人为乐。是什么原因使你对学业不在乎？

史：那是50年代末期，大多数年轻人对所谓的成就感到幻灭。除了财富还是财富，似乎没有别的什么可以追求。保守党刚刚赢得第三次竞选，其口号为“你从未这么好过”。我和我的大多数同时代人厌

1. 阿尔多斯·赫胥黎（Aldous Huxley）（1894—1963）是进化论者托马斯·赫胥黎之孙，英国小说家。《对位》（*Point Counterpoint*）是他1928年发表的乌托邦式的实验小说。——译者注

倦生活。

苏：尽管如此，你仍然在几小时内解决你的同学在几周不能完成的问题。从他们所说的，他们显然知道你的才能。你认为自己意识到了吗？

史：牛津大学那个时期的物理课程极其简单。人们可以不听任何课，一周只要接受一两次辅导就能通过。你不必记许多事实，只要记住一些方程即可。

苏：正是在牛津，你首次注意到手脚不怎么听使唤了。那时候你怎么自我解释这个现象的？

史：事实上，我注意到的第一件事，是我不能正常地划船。后来我在从初级公共教室出来的楼梯上摔了一大跤。我忧虑头脑也许受到损害，所以看了学院医生，但是他认为没问题并让我少喝啤酒。我在牛津的期终考后去波斯度暑假。我的身体在回来之后一定是虚弱了不少。但是我把起因归结于所经历的一场严重的胃病。

苏：什么时候你开始屈服，承认患了非常严重的病，并且决定听取医生的劝告？

史：那时我已在剑桥，圣诞节时回家。那是1962年到1963年的非常寒冷的冬天。尽管我自知对滑冰不在行，仍然顺从母亲去圣阿尔班斯的湖面滑冰。我摔倒后要爬起来非常艰难。我母亲感到出了什么毛病。她带我去看家庭医生。

苏：然后在医院住了三周，而他们告诉了你最坏的情形？

史：事实上是在伦敦的巴兹医院，因为我父亲是属于巴兹的。我住院两周，做了检查。但是他们除了说不是多发性硬化并且不是典型病以外，实际上从未告诉我出了什么毛病。他们没有告诉我前景如何，但我猜出非常糟糕，所以也不想去问。

苏：而且最后他们通知你说只有两年多的时间可活。史蒂芬，让我们暂时停顿一下，你可以挑选下一张唱片。

史：瓦尔基莉的第一场。这是美尔基尔[1] 和列曼[2] 演唱的另一张早期的大唱片。它是在战前原先录在78转的唱片上面，而在60年代被转录到大唱片上。1963年我被诊断得了运动神经细胞病之后，就变成喜欢瓦格纳的作品，因为他和我的末日黑暗的情绪相投。我的语言合成器可惜未受过良好教育，把他的名字发成软的W的音。我必须把他拼写成V—A—R—G—N—E—R才使之听起来差不离。

《指环》系列的四部歌剧是瓦格纳最伟大的作品。1964年我和我的妹妹费利珀一起去德国的贝洛伊斯去看这些歌剧。那时我对《指环》尚不熟悉，所以系列的第二部《瓦尔基莉》给我留下了极其深刻的印象。这是沃尔夫冈·瓦格纳执行制作的，舞台几乎是全暗的。这

1. 美尔基尔（Laurity Melchior）是丹麦20世纪男歌唱家。—— 译者注
2. 列曼（Lotte Lehmann）是德国20世纪女歌唱家。—— 译者注

是一对孩提时代即分开的双生子西格蒙德和西格林德的爱情故事。他们再次邂逅的场合是西格蒙德在西格林德的丈夫，也就是西格蒙德的敌人洪丁的家中避难之际。我选取的片断是西格林德叙述她被迫和洪丁举行婚礼的故事。一位老人在庆祝会之际进入大厅。此时乐队奏起忠烈祠的旋律，这是《指环》中的最高贵的主旋律。因为他是渥当，是群神之首也是西格蒙德和西格林德的父亲。他把剑插入树干之中。这把剑是要传给西格蒙德的。在该幕结尾时西格蒙德把它拔出来，然后两个人跑到树林中去。

苏：史蒂芬，从你的生平得知，通知你只能再活两年多的几乎是死刑的裁决使你清醒过来，也可以说使你更专注于生命。

史：其首先的影响是使我沮丧。病情似乎恶化得相当迅速。因为我觉得活不到结束我的博士论文，所以没有必要做任何事或攻读博士。后来病情得到缓解，我也开始在研究上有所进展，尤其是能够证明，宇宙在大爆炸处必须有个开端。

苏：你在一次访谈中甚至说过，你自认为现在比患病之前更快乐。

史：我现在肯定是更快乐。在患运动神经细胞病之前，我已对生活厌倦了。但是夭折的前景使我意识到生命的可贵。一个人有这么多事可做，每一个人都有这么多事可做。我得到一种真正的成就感，尽管我生病了，我对人类知识做出了适度的却是有意义的贡献。当然，我是幸运的，但是任何人只要足够努力都能有所成就。

苏：你是否可以引申到这种程度，说如果你没有得运动神经细胞病，你就不会得到今天所有的成就，或者这个问题过于简单化了？

史：不，我认为运动神经细胞病对任何人都没有好处。因为我是要理解宇宙如何运行，这种病无法阻止我的意愿，所以对我的损害比他人小一些。

苏：当你开始面对疾病时，一位名叫简·王尔德的女士给予你以鼓励。你在一次酒会上和她邂逅，然后恋爱直至结婚。你愿意说，你的成功中的多少应归功于她，归功于简？

史：如果没有她我肯定不能成功。和她订婚使我从绝望的深渊中拔出来。而且如果我们要结婚，我必须有工作，这样我就必须完成我的博士论文。我开始努力学习并且发现喜欢这样。随着我的病况恶化，简一个人照顾我。在那个阶段没有人愿意帮助我们，而且我们肯定没有钱回报帮助。

苏：而且你们一道蔑视医生，不仅是因为继续生活下去，而且还生育了子女。你们在1967年得到罗伯特，1970年得到露西，然后在1979年得到提莫西。医生们是如何受到震惊的？

史：事实上，诊断我的医生再也不愿管我了。他觉得这是不治之症，首次诊断后我再也没去看他。我父亲在实际上成为我的医生，我听从他的建议。他告诉我，没有证据表明这种病是遗传的。简设法照顾我和两个孩子。只有在1974年我们去加利福尼亚时需要外人的帮助，起先是一名学生，后来是护士和我们同住。

苏：但是现在你不再和简在一起了。

史：我动了穿气管手术后需要24小时的护理。这使得婚姻关系越来越紧张。最后我搬出去，现在住在剑桥的一套新公寓里。现在我们分居。

苏：再回到音乐上来。

史：我挑选披头士的《请你让我快乐》。在我挑了4张相当严肃的唱片之后，需要一些轻松的解脱。对于我本人和许许多多其他的人而言，披头士的问世正值其时，这是对陈腐的令人作呕的流行乐坛吹进的大受欢迎的清新气息。我通常在星期日晚上收听卢森堡电台的20首最好的歌曲。

苏：尽管你得到无数的荣誉，史蒂芬·霍金——我特别要提到你是剑桥的卢卡斯数学教授，这是艾萨克·牛顿的教席——你决定写一部有关你的研究的通俗著作，我想其理由非常简单，那就是你需要钱。

史：我想从一部通俗书可适度地赚一些钱，我写《时间简史》的主要原因是我喜欢它。我为过去25年所做的发现激动不已，我要跟大家分享。我从未预料到能进行得这么成功。

苏：的确，它打破了所有纪录，并因为其荣登畅销书榜的时间之久而被列入《吉尼斯世界纪录》，现在它仍在榜上。似乎没人知道它在世界范围究竟出售了多少本，但是肯定超过了1000万本。显而易见，人们购买它，但一直想问的问题是：他们阅读吗？

史：我知道伯纳德·列文看到第29页就看不下去了，但是我知道许多人阅读得更多。在世界各地，人们到我面前告诉说，他们如何地欣赏这部书。他们也许没有看完或者不能理解其中的全部细节。但是，他们至少得到这种观念，我们生活在由合理的定律制约的宇宙中，而且我们能够发现和理解这些定律。

苏：正是黑洞的概念深蒙公众想像力的宠爱，从而刺激了探究宇宙学的兴趣。你看过《星球旅行》的所有系列吗？"勇敢地探险前人从未涉足之处"，等等。如果你看过的话，你喜欢它吗？

史：我在十几岁时读了许多科学幻想的书。而现在我自己在这领域里作研究，我觉得大多数科幻小说都有点过于轻而易举。如果你不必把在超空间行驶或光束载人描绘成一幅和谐图像的一部分的话，把它们写进科幻小说实在是举手之劳的事。真正的科学是实实在在发生的事，所以也就更加激动人心。科学幻想作家从未在科学家思考到黑洞之前提示过它。我们现在对许多黑洞有了相当有力的证据。

苏：如果你落进黑洞的话会经受到什么惊险？

史：任何涉足科幻小说的读者都知道，你落入黑洞会发生什么。

你会变成意大利面条。但是，黑洞不是完全黑的这一点是更加有趣得多。它们以恒定的速率发射出粒子和辐射。这使黑洞缓慢地蒸发，但是黑洞和它的内容最终会发生什么仍然不很清楚。这是一个激动人心的研究领域，而科学幻想作家还未跟上来。

苏：而你所提到的辐射当然是霍金辐射。你并没有发明黑洞，尽管你进一步证明了黑洞不是黑的。正是他们的发现刺激你开始更认真地思考宇宙的起源，是这样的吗？

史：恒星坍缩形成黑洞在许多方面像是宇宙膨胀的时间反演。一颗恒星从较低密度的状态坍缩成非常紧致的状态，而宇宙是从非常紧致状态膨胀到较低密度的状态。存在一个重要的差别：我们处于黑洞之外，但却在宇宙之中。可是两者都以热辐射为表征。

苏：你说黑洞和它的内容最终会发生什么仍然不很清楚。但是我以为在理论上，不管发生了什么，而且包括航天员在内，不管什么进入黑洞而消失，最终都会以霍金辐射的形式而被再循环。

史：航天员的质量能量将会变成黑洞发出的辐射而被再循环。但是航天员本人，甚至构成他的粒子不会从黑洞出来。现在的问题是，他们究竟发生了什么？他们是被毁灭了呢，还是穿越到另一个宇宙中去？这是我极想知道的某种东西，而我并不想跳到一颗黑洞中去。

苏：史蒂芬，你是否依赖直觉做研究，也就是说，用直觉得到你喜爱并令你着迷的理论，然后再着手证明之？或者说，作为一名科学家，你是否总是要以逻辑方式导致结论，而不敢预先作猜测？

史：我大量依赖直觉，我试图猜出一个结果，但是之后必须证明之。而在这一阶段，我时常发现，我想过的东西不是真的，或者出现某种从未预料到的其他情形。我就是这样发现黑洞不是完全黑的。那时我想证明一些别的东西。

苏：再回到音乐上来。

史：莫扎特是我喜爱的一位音乐家。他写下了无数的作品。今年年初我50岁的生日之际，我收到一套他的全集的光碟，超过200小时长。我没听完，正继续着。《安魂曲》是他最伟大的作品之一。莫扎特在完成《安魂曲》之前死去，他的一位学生从莫扎特余下的片断将其完成。我们就要听的《赞美诗》是仅有的全部由莫扎特谱写并作管弦乐的部分。

苏：史蒂芬，请原谅我把你的理论过于简化。你一度相信过，正如我所理解的，曾经存在过创生的一点，即大爆炸，但是你现在不再这么认为了。你相信既没有开端也没有终结，而且宇宙是自足的。这是否表明，并不存在创生的行为，因此也就没有上帝的存身之处。

史：是的，你是过于简化了。我仍然相信宇宙在实时间里在大爆炸之处有一个开端。但是存在另外一种时间，即虚时间，它是和实时间垂直的。宇宙在虚时间里既没有开端也没有终结。这就表明宇宙起始的方式是由物理定律所确定的。人们也就不必说，上帝为宇宙运行选择某种我们不能理解的任意方式。我的理论并没有说上帝存在与否——只不过说祂不是任意的。

苏：但是，如果上帝可能不存在的话，你何以解释所有那些在科学以外的东西：人们过去以及现在对你的，实际上是对你自身灵感的热爱和信任？

史：热爱、信任和道德属于和物理学不同的范畴。你不能从物理定律推导出人们应如何行为。但是人们可以希望，物理和数学涉及的逻辑思维也会指导人们的道德行为。

苏：但是我认为，许多人觉得你实际上已经摆脱了上帝。你想否认这一点吗？

史：我的研究只不过指出，你不必说宇宙起始的方式是上帝的一个念头。但是你还遗留一个问题：为什么宇宙要在乎自身之存在？如果你愿意的话，可把上帝定义为这个问题的答案。

苏：让我们听第七张唱片。

史：我非常喜欢歌剧。我曾动过念头，八张唱片全选歌剧。其范围从格鲁克和莫扎特起，通过瓦格纳，直到威尔第和普契尼。但是我最后把它减少到两张。一张必须是瓦格纳，另一张我最后决定应属于普契尼。《图兰朵》是他最伟大的歌剧，但是又是他生前未能完成的。我选取的片段是图兰朵叙述古代中国的一名公主如何被蒙古人强奸并抢掳的经过。为了对此报复，图兰朵打算向她的求婚者问三个问题。他们如果回答不出就会被处死。

苏：圣诞节对你有什么意义？

史：它有点像美国的感恩节。是一个全家团聚以及感谢过去一年的场合。又是展望新年的时刻，正如在马厩中诞生的一个孩子所象征的。

苏：让我们更物质化一些，你想要什么礼物——也许近来你已富足到拥有一切？

史：我宁愿要惊奇。如果要求某种特定的东西，他就没有给施者留下利用他或她想象的自由或机会。但是我不介意让人知道我喜爱夹心巧克力。

苏：史蒂芬，迄今你已比预料的多活了30年。尽管人们告诉你说永远不会生育，你却当了父亲，你完成了畅销书，你改变了人们头脑中的空间和时间的陈旧信仰。在你有生之年还要计划做什么呢？

史：所有这一切之所以可能只是因为我足够幸运地得到大量帮助。我对自己所取得的一切感到高兴，但是在我死之前还有许多想做的事。我不愿讲我的私生活，但在科学上我想知道人们应如何用量子力学把引力和其他的自然力统一在一起。我尤其想知道黑洞蒸发时会发生什么。

苏：现在放最后一张唱片。

史：我要请你发这个音。我的语言合成器是美文的，对于法文无能为力。这是依狄斯·皮阿芙[1]唱的《我不再为任何事后悔》。这刚好可用以总结我的一生。

苏：史蒂芬，现在如果你只能带走一张唱片，你要选哪一张？

史：那应是莫扎特的《安魂曲》。我可以一直把它听到光碟随身听的电池用完为止。

苏：还有你想带去的那本书呢？当然，《莎士比亚全集》和《圣经》已经预先放在那儿供你翻阅。

史：我想我要带乔治·爱略特[2]的《中途》。我记得有人，也许是维吉尼亚·伍尔芙[3]说过，这是一部为成熟的人写的书。我不清楚自己是否合格，但不妨一试。

苏：还有你的奢侈品呢？

史：我想要大量的剑桥奶酪，对我来说，它是我的奢侈品的缩影。

---

1. 依狄斯·皮阿芙（Edith Piaf）是法国20世纪女歌唱家，被誉为法国的麻雀。—— 译者注
2. 乔治·爱略特（George Eliot）是英国19世纪女小说家。《中途》（*Middlemarch*）是她的一部杰作。—— 译者注
3. 维吉尼亚·伍尔芙（Virginia Woolf）是英国20世纪女小说家。—— 译者注

苏：那么不是夹心巧克力，而是大量的剑桥奶酪。史蒂芬·霍金博士，非常谢谢你让我聆听你的荒岛唱片，谨祝圣诞快乐。

史：感谢你挑选我。我从荒岛衷心祝愿你圣诞快乐。我敢打赌说我的天气比你的还更加怡人。

图书在版编目（CIP）数据

霍金讲演录 /（英）史蒂芬·霍金著；杜欣欣，吴忠超译 . — 长沙：湖南科学技术出版社，2018.1
（第一推动丛书 . 宇宙系列）
ISBN 978-7-5357-9454-3
Ⅰ . ①霍… Ⅱ . ①史… ②杜… ③吴… Ⅲ . ①宇宙学—普及读物 Ⅳ . ① P159-49
中国版本图书馆 CIP 数据核字（2017）第 211983 号

HUOJIN JIANGYANLU
霍金讲演录

著者
[英] 史蒂芬 · 霍金
译者
杜欣欣 吴忠超
责任编辑
李永平 吴炜 戴涛 杨波
装帧设计
邵年 李叶 李星霖 赵宛青
出版发行
湖南科学技术出版社
社址
长沙市湘雅路 276 号
http://www.hnstp.com
湖南科学技术出版社
天猫旗舰店网址
http://hnkjcbs.tmall.com
邮购联系
本社直销科 0731-84375808

印刷
湖南天闻新华印务邵阳有限公司
厂址
湖南省邵阳市东大路 776 号
邮编
422001
版次
2018 年 1 月第 1 版
印次
2018 年 4 月第 2次印刷
开本
880mm × 1230mm 1/32
印张
5.25
字数
107000
书号
ISBN 978-7-5357-9454-3
定价
29.00 元